孙亚飞 · 著
钟钟插画工作室 – 张九尘 · 绘

化学元素魔法课

元素的调节魔法

天地出版社 | TIANDI PRESS

图书在版编目(CIP)数据

化学元素魔法课. 元素的调节魔法 / 孙亚飞著. —
成都：天地出版社，2023.11（2024.7重印）
ISBN 978-7-5455-7962-8

Ⅰ. ①化… Ⅱ. ①孙… Ⅲ. ①化学元素—青少年读物
Ⅳ. ①O611-49

中国国家版本馆CIP数据核字（2023）第181859号

HUAXUE YUANSU MOFAKE · YUANSU DE TIAOJIE MOFA
化学元素魔法课 · 元素的调节魔法

出品人	杨 政	**责任校对**	曾孝莉
作 者	孙亚飞	**装帧设计**	刘黎炜
绘 者	钟钟插画工作室-张九尘	**营销编辑**	魏 武
总策划	陈 德	**责任印制**	高丽娟
策划编辑	王加蕊		
责任编辑	王加蕊 沈欣悦		

出版发行 天地出版社
（成都市锦江区三色路238号 邮政编码：610023）
（北京市方庄芳群园3区3号 邮政编码：100078）
网 址 http://www.tiandiph.com
电子邮箱 tianditg@163.com
总 经 销 新华文轩出版传媒股份有限公司

印 刷 北京雅图新世纪印刷科技有限公司
版 次 2023年11月第1版
印 次 2024年7月第3次印刷
开 本 787mm × 1092mm 1/16
印 张 5.25
字 数 100千字
定 价 30.00元
书 号 ISBN 978-7-5455-7962-8

咨询电话：（028）86361282（总编室）
购书热线：（010）67693207（营销中心）

如有印装错误，请与本社联系调换。

前言

【讲不完的元素故事】

我们生活的这个世界是由物质构成的。

无论吃饭、睡觉，还是读书、工作，我们都离不开各种物质的帮助。那些制作餐具用的陶瓷、制作床用的木头、制作书籍用的纸张、制作电脑用的半导体，都是各式各样的物质。它们的种类太多，多到实在数不清。

很久很久以前，人们就已经注意到这个事情。他们想不通，为什么物质世界会如此多彩，如此复杂。这时候，有些人想到，很多物质可以互相转变，比如，铁会变成铁锈，木头燃烧之后会变成灰烬。既然这样，会不会所有物质的源头都是一样的呢？这个源头就像是大树的树根一样，而大树不停地生长，变得枝繁叶茂。这棵大树的每一片叶子、每一根树枝都代表了一种物质。

最初提出这个想法的是一位名叫泰勒斯的哲学家，他生活在大约2600年前的古希腊。泰勒斯认为世界万物的本源就是水。为什么这么说呢？他讲出了自己的理由：水本是一种液体，可它会结冰变成固体，还可以化作一缕烟飘走。

现在我们都已经知道，这是水在不同温度下呈现的液、固、气三种状态。无论是水、冰还是水蒸气，水这种物质本身并没有发生变化。但是，在泰勒斯生活的那个时代，人们对于物质的结构和状态还没有足够的认识，大家都觉得泰勒斯说得挺有道理的。

有些哲学家沿着泰勒斯的思路继续探索，又在水之外找到了其他一些物质的本源。后来，亚里士多德在前人的基础上，总结出了“四大元素”理论——尽管这个说法最早是由恩培多克勒提出的，但是亚里士多德让它深入人心。

所谓“四大元素”，指的是水、火、气、土这四种“元素”（也有版本译为水、火、风、地），“元素”这个词的含义就是本质。亚里士多德认为，只要有这四种“元素”，通过不同的配比，就可以配出所有的物质。而且，他还指出这四种“元素”具有冷、热、干、湿的性质，比如，水就是冷而湿的，火就是热而干的。调配不同物质的方法就是根据这些性质推演的。

尽管用现在的眼光来看，四大元素说的原理近乎荒谬，但是放到2000多年前，“元素”的思想却是非常先进的。后来，中国的哲学家也提出了“五行”的思想，包括金、木、水、火、土五种“物质”，这也是元素理论的雏形。

在亚里士多德之后，又有很多哲学家发展了四大元素说。可是1000

多年过去了，哲学家们都未能突破这个理论的框架。水、火、气、土的说法已经深入人心，甚至影响到生活中的方方面面。

直到 17 世纪时，英国有一位叫波义耳的科学家，他对亚里士多德的理论有所怀疑，写下著名的《怀疑派化学家》一书，阐述了他的看法。在他看来，关于元素的定义不应该脱离实际，而是应该从物质本身出发，找出真正的本质。因此，他认为元素应该是最简单的物质，最纯粹的物质，不能分解出其他物质。

在波义耳这个思想的指导下，早期的化学家们就开始用实验论证，到底哪些物质是不可以再被分解的纯粹物质？很快，像金、银、铜、铁、汞、铅、硫等物质就被证明是不可再分解的物质，属于元素。

而在这些化学家中，有一位名叫拉瓦锡的法国科学家居功甚伟。

拉瓦锡在实验和理论方面都很有造诣。当了解到同行普里斯特利和舍勒发现了一种能够促进燃烧的气体时，他敏锐地意识到，这是一种新的元素，并且能够彻底解释自古以来困扰思想家们的燃烧问题。

这是拉瓦锡第一次论证了燃烧的氧化反应本质。氧元素的发现，重新书写了人类的物质观。拉瓦锡乘胜追击，证明了所有元素都有实体，所以任何元素都会有质量，并且各种元素在化学反应前后，总质量并不会发生变化，这就是质量守恒定律。

不过拉瓦锡还是想不明白，为什么被他列为元素的“光”和“热”却始终称不出质量。后来，他的一些后继者证明，光和热不同于我们熟悉的各种物质，关于它们是什么的讨论，一直持续到 20 世纪初的量子力学知识大爆炸时期。

在拉瓦锡之后，道尔顿提出“原子论”，为元素理论研究补上了最重要的一块拼图。道尔顿认为，所有元素都存在最小的微粒单元，这个微粒便是原子。同一种元素的原子相同，不同元素的原子则不相同。换句话说，元素就是对物质最小单元的一种分类。如果把原子比作人，那么元素就好比人的姓氏，把不同的人群区分开来。当我们说到氧元素的时候，它既可以代表具体的氧原子，也可以是包含所有氧原子的一个概念。

有了更为精确的区分标准，科学家对元素的理解也更加深刻。到19世纪中期，已经有60多种元素被识别出来，远远超出了亚里士多德的"四大元素"说。有趣的是，按照现代元素的标准来看，水、火、气、土这四种物质都不是元素。哪怕是最初被泰勒斯寄予厚望的水，也是由氢和氧这两种元素构成的。

可是，这么多元素，它们之间存在规律吗？这个问题又让很多的科学家好奇不已。在这些人中，门捷列夫博采众长，又经过仔细的计算，在1869年公布了研究成果——元素周期表。这是世界上第一张系统编排的元素周期表，它突出表现了元素性质周期变化的特点，这个特点也被归纳成元素周期律。

在这张元素周期表问世30多年后，包括汤姆孙、卢瑟福在内的一批科学家不仅证实了原子的存在，而且论证了原子的结构，并由此揭开了元素周期律的奥秘。

这个奥秘就藏在原子的微观结构中，更具体来说，是原子核中的质子数量。原子的质子数量决定了原子核外围电子的排列方式，进一步决定了它的化学性质。因此，当原子质子数量相同时，它们就会表现出相同的特性，这便是它们被归为同一种元素的理由。随着质子数量的变化，原子最外层的电子也会慢慢增加，等到填满8个空位后，又会继续向更外层填入。这样的排列方式，造就了伟大的元素周期律。

地球上一共有 90 多种元素。当质子数量超过 82 之后，原子就会变得不稳定，有一些原子甚至只会存在几秒钟。因此，或许有一些元素曾在地球上出现过，只是我们找不到它们的踪迹了。

至此，人类并没有放弃寻找这些元素的脚步，有一些实在找不到的，就用粒子加速器之类的设备进行制造。这些不在自然界天然存在的元素被称为“人造元素”。到现在为止，包括天然元素和人造元素，人类已经发现了 118 种元素，填满了元素周期表的前七排。在本系列图书中，我讲述了其中一些元素的故事，它们影响了我们生活的方方面面。

元素的故事尚未落幕，更多的故事还在书写中。这倒不是说我们一定要继续寻找更多的元素，而是说，我们对元素的认识依然不够。比如，我们知道铑元素是一种非常杰出的催化剂，可我们无法完全知晓它发挥作用的原理；我们知道石墨烯是碳元素的一种形式，却依然算不出在这种奇妙的分子中，电子如何相互作用。

事实上，人类自身也是由各种元素构成的。2000 多年以来，人类对元素的探索从未停下过脚步。当我们探索元素的时候，我们也在探索我们自己。也许我们永远不能揭晓元素所有的奥秘，但是，这不妨碍我们努力续写这讲不完的元素故事。

孙亚飞

目录

48 号元素
第五周期第 II B 族
相对原子质量：112.4
密度：8.642 g/cm^3
熔点：320.069 ℃

镉：让人最痛最痛的元素

漂亮的颜料

如果你喜欢画画，打开颜料盒，可能会看到很多奇奇怪怪的名字。其中有两种很常见，一种叫镉（gé）黄，还有一种叫镉红。

你可能已经猜到了，“镉”是一种化学元素，而且还是一种金属元素。纯净的镉是银白色的，但它会和空气中的氧气发生化学反应，表面很快就跟落了灰尘一样，有些发灰，看起来很普通。

如果镉元素和硫元素发生反应，会生成一种叫硫化镉的物质，这时候镉元素就跟换了身衣服一样，变得非常好看。

硫化镉有很多种不同的结构，最常见的一种是黄色的，所以被叫作镉黄。如果把镉黄做成颜料涂在纸上，就和黄金的颜色差不多，所以画家们都喜欢用它画出那种金光闪闪的感觉。还有一些模仿黄金的工艺品，上

面涂的颜料也是这种镉黄。

因为结构不同，硫化镉也可以变成橙红色；要是里面再混有一些硒元素，就会变成深红色。这时候，它就被叫作镉红了。

用镉黄和镉红可以调配出很多不同的色彩。因为它们的颜色鲜艳，而且不容易褪色，所以画家们很喜欢这些颜料，一般的颜料盒里也经常可以看到它们。不过，镉的化合物虽然好看，但是它的“脾气”可不太好，甚至还给人类带来过很大的灾难。

可怕的痛痛病

大约 100 年前，在日本富山县，很多农民发现他们种植的水稻长势没有过去那么好了。一开始，大家都以为只是水稻营养不良，没把这个现象太当回事儿。

过了几年以后，这里的一些人开始患上一种怪病。得病的主要群体是一些妇女，她们在稻田里劳动以后，手脚的关节总是会感到有些麻木和疼痛。一开始，她们还以为只是因为太劳累了。可是没过多久，不只是手脚，她们身体的各个关节都会疼痛。渐渐地，这些病人就走不动路了，手脚只能弯曲着，浑身没有一处是不疼的。因为不能直腰，病人们就连躺着都做不到，只能用非常扭曲的姿势在榻榻米上打滚儿，忍受着常人难以想象的疼痛。再后来，这些病人还会骨质疏松，稍微一用力就会骨折，就连正常的呼吸、吃饭都做不到。

有些人实在忍受不了怪病的折磨，就选择了自杀。更多的人，会一遍又一遍撕心裂肺地喊着“痛啊，痛啊”，让人听了以后不寒而栗。

这种怪病频发的现象持续了好多年，没有人知道致病的原因，医生也不知道如何治疗。人们只知道，这种病在富山县很多，有人猜测可能和这个地方的环境有关。可是，自古以来富山县就是一个鱼米之乡，而且风景优美，人们在这里已经定居很久了，怎么会突然出现这种怪病呢？

十几年后，其他地方也出现了这种怪病，大家更加紧张了。他们怀疑这是一种传染病，如果无法控制致病源头，恐怕疾病还会继续蔓延。

因此，很多科学家和医生都来到了富山县，他们诊断不出来这到底是什么病，只知道得了病的人会一直喊“痛啊，痛啊”，于是就把这种病叫作“痛痛病”。痛痛病到底是什么导致的呢？科学家们对可能的诱因逐一进行排查，最后怀疑是这些病人吃的东西有问题。

原来，富山县靠着山，很多河流都从山上发源，河水流经富山县后再流到海洋里。正是因为有很多河流，富山县才会适合种植水稻。其中一条河的上游有一座金属矿厂，人们怀疑是河水流经这座金属矿厂时混进了什么东西，导致人们中毒的。

这是一座锌矿。你可能还记得，锌是一种非常有用的元素。它可以制成涂料，涂在钢铁的表面，让钢铁不容易生锈；也可以和铜元素一起做成黄铜。所以，当富山县的上游发现锌矿以后，人们就去开采了，这件事儿发生在痛痛病出现的几十年前。

可是，锌元素是人体生长发育必需的一种化学元素，就算有一些锌元素混进了河水里，也不会造成这么大的危害吧？科学家们也不相信是锌元素导致了痛痛病。

经过几年的调查，科学家们才找到了真正的致病“元凶”，它就是我们这一章讲的镉元素。镉元素并不是我们身体发育需要的化学元素，但它和钙元素非常相像，大小差不多，而且化学性质也有点相似。当我们的身体吸收钙元素的时候，因为无法“鉴别”出镉元素，所以也会将镉元素一起吸收。

钙元素是构成骨骼的主要元素，镉元素进入身体里以后，也会积累在骨头里。可是，镉元素和钙元素还是有不同的，钙元素既可以进入骨头，也可以从骨头里面跑出来，而镉元素非常“固执”，它一旦进入骨头里，就再也不出来了。

所以，如果人们吃了含有镉元素的食物，骨头里的钙就会慢慢被镉替换掉。这样一来，骨骼就像被蛀虫蛀坏了一样，里面的钙越来越少，镉越

来越多。最后，骨头失去韧性，承受不住身体的重量，甚至变得弯曲，这就是痛痛病发病的原因。

这里还有一个问题：锌矿里面为什么会有这么多镉元素呢？

原来，锌和镉这两种元素是“亲戚”。如果打开元素周期表，你就会发现，锌是第 30 个元素，排在第 4 行，它的下面就是镉元素。这就说明，锌和镉性质非常相似，它们在自然界中经常是一起出现的。因为锌在当时用处非常多，镉除了可以做颜料，好像没有其他用，所以矿山的老板只要锌矿里面的锌，而不要镉元素，就把含有镉的废水都排放到了河里面。

这些镉元素顺着河水一直来到富山县，农民就用混杂着镉元素的河水灌溉水稻。水稻会吸收很多镉元素，所以长势就没有那么好了，大米的产量也没有那么高了。这些大米里面含有的镉元素很多，人们吃了就慢慢地中毒了。

在发现致病原因以后，排放镉元素的金属矿厂被关停。可是，这还远远不够。因为富山县的土壤已经被镉元素污染了，就算河水里面没有镉元素了，这片土地种出来的水稻还是有毒的。

于是，日本政府就投入了很大一笔钱，将富山县还有其他一些受到污染的土壤全都换了，换成了没有被污染的土。这个工程实在是太浩大了，整整进行了 33 年，直到 2012 年才完工。

之后，富山县又恢复了往日的宁静。如今，这里重新变成了鱼米之乡。

因为我们人类的疏忽，曾经造成这么大的苦难，这种错误被永远记载在历史里，我们要牢牢记住这个教训。如今再开采矿山的时候，人们要把这些含有镉的废水仔细地收集起来，才不会再次造成严重的后果。

科技让镉元素“改邪归正”

实际上，现在人们再去开采锌矿，也不舍得把镉元素丢在水里不管的，因为镉元素也是很有价值的。

我们在讲氢元素、锂元素的时候，都讲到了电池。其实镉元素也可以用来做电池。在锂离子电池还没有大规模使用的时候，镍镉电池就是最常用的充电电池，它的主要原料就是镉元素和另一种金属元素镍元素。如今，由于镉元素可能会造成污染，像手机、电脑这些家用设备已经很少再用镍镉电池了。但是在很多工厂里，因为镍镉电池的价格与锂离子电池相比更低，所以还是很受欢迎的。

最后，我还想提醒你：虽然镉黄和镉红都是很美丽的颜料，但是你画画的时候可千万不要把它们往嘴里放哦！镉元素是一种有毒的元素，要是吃多了，会得痛痛病的！

下一章，我们要介绍另一种金属元素——锡。锡不会让人得痛痛病，但是它自己却会患上“瘟疫”。难道金属也会得病吗？我们下一章就来讲锡的故事。

镉的重要化学方程式

加热条件下，镉与氧气反应生成氧化镉：

$2Cd+O_2 \overset{\triangle}{=\!=} 2CdO$

xī

50号元素

第五周期第ⅣA族

相对原子质量：118.7

密度：7.28g/cm^3（白锡）

熔点：231.93℃

锡：会得“瘟疫”的金属

娇生惯养的大小姐

这一章要说的元素叫锡，相信平时你一定听说过它。

走在大街上，你可能会看到一些卖五金的小店。这里的“五金”，指的是五种金属，分别是金、银、铜、铁、锡。金、银、铜、铁对你来说肯定都不陌生，锡可以和它们并列，可知它在我们的生活中有多重要了吧？

不过，锡这种金属与金、银、铜、铁比起来，就娇贵得多了。它就像一个娇生惯养的大小姐，既怕热又怕冷。要是冷得厉害，它还会得“瘟疫”呢。

金属还会得病吗？别着急，我们先说说锡怕热这件事儿。

单质沸点： 2586 ℃
元素类别： 后过渡金属
性质： 常温下为银白色金属（白锡）
元素应用： 镀锡，焊接等
特点： 在地壳中含量并不高，自然界中很少有纯净的金属锡

非常怕热

你家厨房里可能有种叫锡纸的东西。如果爸爸、妈妈要做一道名叫“锡纸烤鱼”的美食，他们就会用一层薄薄的金属把鱼和各种作料裹起来，包得严严实实，然后再放进烤箱。这层薄金属就是锡纸，它可以在烧烤的时候，保证食物的香气和水分不会散发掉。因此，在锡纸打开的一瞬间你会觉得香味扑鼻，鱼肉吃起来也特别嫩滑。

你先别急着把功劳归到锡的头上，因为实际上这种锡纸不是用锡做的，而是用铝做的，所以也有人叫它铝箔纸。真正的“锡纸”也有的。清明节祭祀的时候，有人会购买一些银光闪闪的“锡纸”元宝，把它烧成灰献给祖先。“锡纸”元宝，就是用真正的锡做成的。

中国以前只有真正的“锡纸”，后来铝箔纸打进了市场，因为铝箔纸看着跟“锡纸”非常像，大家很难区分，就都这么叫了。

那么，人们为什么不用真正的“锡纸”来烤鱼呢？

除了锡比铝的价格更贵，还有个更重要的原因，就是锡的熔点很低。大约只需达到 232℃，固态的金属锡就会变成液态的锡了。你想，烧烤的时候温度都是很高的，万一超过了 232℃，那“锡纸”岂不是就要被烫成锡水了吗？这烤鱼就没法吃了。而铝的熔点有 600 多摄氏度，一般情况

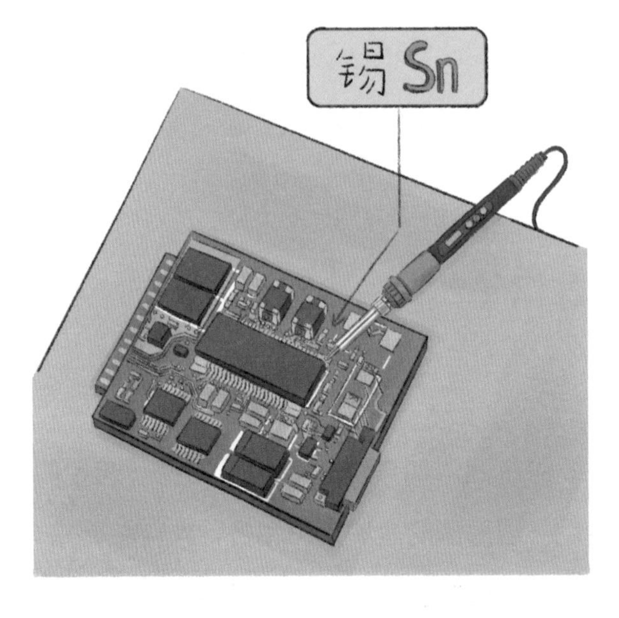

下铝箔纸根本烤不坏。

熔点低也有好处，只要一加热，锡很容易就会变成液体，因此锡还有个很重要的作用就是用于焊接。工人把固体锡放在电烙铁上，一加热，它就变成液态的锡，然后再把锡水点到两块金属中间。温度下降后锡水很快就会凝固，变成固体，于是两块金属就被粘起来了，这种方法就叫作锡焊。

过去，人们的生活条件不太好，电视机之类的电器坏掉了，大家舍不得丢掉，会拿去修理。修理师傅会用锡焊的方法，把断开的电路重新连接起来，电器就修好了。

所以你看，锡真是个怕热的金属，一加热它就会熔化。

还很怕冷

那么，锡怕冷又是怎么回事儿呢？

故事还要从地球上最冷的南极大陆讲起。

提到南极，你可能首先想到的就是可爱的企鹅，那里是它们的家。

其实，企鹅也怕冷，它们大多生活在南极洲沿岸。要是深入到南极大陆内部，企鹅也会被冻死，更不要说我们人类了。

可是，人类的探索精神是很伟大的。在 100 多年前，有无数探险家，他们勇敢地奔赴南极，目的地是地球南端的南极点。

这是一件非常困难的事情，因为探险家们要在雪地里走上千千米，他们冒着零下几十摄氏度的严寒，还要忍受饥饿和疾病带来的痛苦，稍有疏忽，就可能有生命危险。

为此，聪明的探险家们采用接力的办法，在南极大陆上建立了一些补给站。他们把食物、汽油之类的东西送到补给站，一点点地向前推进。

在最后向南极点发起冲锋的时候，有两位探险家展开了竞赛，一位是挪威的阿蒙森，另一位是英国的斯科特，他们要争夺第一个抵达南极点的荣誉。

最后，阿蒙森抢先到达了那里，斯科特不仅遗憾地输了比赛，还遇到了一个非常严重的问题。从南极点返回的过程中，他在赶到补给点前，身上带的汽油居然全都漏光了。汽油点着以后，可以用来取暖，还可以把冻住的食物化开，因此没有了汽油，斯科特就只能在冰天雪地中忍饥挨饿。最后，斯科特没能赶到补给点。

人们发现斯科特失踪以后，就在雪地里寻找，最后发现了他的遗体，还有那个空了的汽油桶。仔细检查之后才发现，汽油桶上面居然有很多洞。

原来，那些汽油桶原本因为生锈有了一些洞，斯科特用它们装汽油的时候，那些洞已经用锡补上了，补洞用的就是锡焊的方法。锡元素有两种常见的同素异形体，一种是白锡，另一种是灰锡。白锡就是常温下普通的白色锡，看起来有些像银子。但要是人们把白锡放到温度很低的地方，比如非常冷的南极，那么它就会像得了病一样，表面慢慢地产生很多灰色的斑点，最后完全变成灰色的粉末。这种灰色的粉末就是灰锡。

更可怕的是，这种“病”还是“传染病”。在低温环境下，如果你把一点儿灰锡放到白锡上面，灰锡就会在白锡上蔓延，直到把一整块白锡全部变成灰色粉末。人们觉得这种变化就像是锡感染了瘟疫，所以就把它叫作“锡疫”。

斯科特的汽油桶本来用锡焊的方法补好了。在斯科特装好汽油以后，那些锡在南极的低温下发生了锡疫，汽油桶上的洞又漏了，于是汽油就慢慢漏光了。

古人的宝贝

你看，锡果然像个既怕热又怕冷的娇小姐吧？幸好，在我们生活的地方，气温既不会低到零下好几十摄氏度，也不会高到 200 多摄氏度，所以锡还是能派上很大的用场。

上册书中我们提到过，因为有了青铜，所以人类文明才变得更繁荣。其中最主要的一种青铜就是用铜元素和锡元素混在一起炼成的。所以，对于几千年前的人们来说，锡矿与铜矿同样重要。

可是，哪里有锡矿呢？让我来给你讲一个传说吧！在春秋时期，有一个叫吴国的政权掌管着现在江苏省的南部地区。人们在那里发现了很多锡矿。锡矿可是当时的战略资源，和现在的石油一样重要。吴国人很高兴，于是就给这个地方起了个名字叫“无锡”。

这个“无”，不是吴国的“吴”，而是有无的“无”。可是明明有锡矿，为什么偏偏起名叫“无锡”，说自己没有锡呢？这不是此地无银三百两吗？其实，无锡的“无”，没有实义，只是吴国方言中的一种发音。要是按照那时的方言解释，“无锡”就是“有锡”，和如今的字面意思正好相反。

就这样，靠着品质特别好的铜矿和锡矿，原本很落后的吴国，一下子成了当时制造青铜技术最厉害的地方，工匠们锻造出来的青铜武器也很先进，所以自此吴国打仗也不再吃亏了。

随着“无锡”这名字一直喊下来，无锡地区的锡矿竟慢慢被挖完了。现在如果你去无锡市旅游，那可真的是到了一个名副其实的“无锡之地”。如果想找到锡矿，你最好去云南省的个旧市，现在我们国家最大的锡矿就在那里。

锡如今还有用武之地吗?

你可能会好奇，现在已经很少用青铜了，锡还能有多少用处呢?

要是这样想，你就太低估锡元素了，锡元素能够做的事可多着呢。

锡元素在空气中不会生锈，而且锡无毒、无害，所以人们会在食品包装中用到锡元素。比方说，装午餐肉的罐头盒就是在铁的表面镀了一层锡做成的。这种罐头盒，还能用来装茶叶、月饼、咖啡、椰汁等。实际上，只要是那种比薄薄的易拉罐重得多的罐子，就很可能是镀锡的铁罐。

在中国，这种镀锡的铁还有个特别的名字，叫“马口铁”。但是，它可一点儿都不像马的嘴。有人考证，这种镀锡的铁原产自欧洲，那些欧洲商人先把它贩运到中国澳门，再卖到中国的其他地方。澳门的英文名字叫Macao，听上去发音像“马口”，于是“马口铁”的叫法就传开了。

好了，锡元素的故事就讲到这里。这种既怕热又怕冷的金属，你记住了吗?

下一章，我们要讲的是碘元素。人体如果缺乏碘元素，就会得一种大脖子病。这是怎么回事儿呢？我们下一章来揭秘。

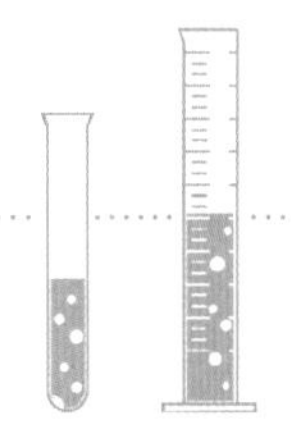

锡的重要化学方程式

金属锡在常温下的化学性质比较稳定，不易被氧化。当温度达到 150℃以上时，锡与氧气反应生成二氧化锡：

$$Sn+O_2 \overset{\triangle}{=\!=} SnO_2$$

53 号元素

第五周期第 VII A 族

相对原子质量：126.9

密度：4.93 g/cm^3

熔点：113.7 ℃

碘：具有多种“超能力”的元素

破坏四兄弟里隐藏着一个“超级英雄”

现在，氟、氯、溴、碘“四兄弟”中，你肯定对氟、氯、溴已经很熟悉了。它们三个都有腐蚀性，搞起破坏来可以说是各有所长、各有千秋，坏出了风格，坏出了水平。

那么，碘元素会不会步它们的后尘，一路坏下去呢？

在这儿我就不给你留悬念了——碘元素，跟它们三个一比，那就是个“绝世大好人”。而且，它还是一个有“超能力”的“大好人”，算是个“超级英雄”了。

这个碘元素非常了不起，只要用上一点儿，就可以帮我们人类的大忙。它有三个“超能力”，下面，我就一个一个地给你介绍。

“超能力”一：消灭坏细菌

碘元素的第一个“超能力”——消毒杀菌。其实，碘的三个兄弟氟、

单质沸点：184.4 ℃
元素类别：非金属、卤素
性质：常温下为紫黑色闪亮晶体
元素应用：杀菌消毒、化学检测、人工降雨等
特点：微微加热可升华

氯、溴都能用来杀灭细菌，但它们各有各的缺点。氟元素和溴元素的毒性都很大，用它们杀菌的话，说不定细菌还没死，先把我们自己毒坏了。氯元素虽然可以用来给自来水消毒，但是它太容易腐蚀金属了。

碘的毒性没有那么大，也不会腐蚀金属，用来消毒很不错。可它也有一个缺点——在常温下碘是固体，拿来消毒的话很不方便。这该怎么办呢?

有一种方法是把固体变成液体。你家里可能有一种叫碘伏的药水，当我们不小心受了一点儿皮外伤的时候，把碘伏涂在受伤的地方，伤口就不会感染了。碘伏有这种能力，就是因为其中含有碘，可以杀菌消毒。其实，碘伏就是把碘溶解在一些液体里面做成的，就像盐溶解在水里面一样。用液体的碘伏去处理伤口，当然比用固体的碘方便多了。

在医院的手术室里，还有一种用碘熏蒸消毒的方法。加热碘，让它升华变成碘蒸气，飘散

到手术室的每一个角落。这样一来，手术室里的细菌就都会被碘杀死，等到做手术的时候，病人的伤口就不容易感染了。因为碘的腐蚀性没那么强，所以手术室里的那些仪器也不会损坏。

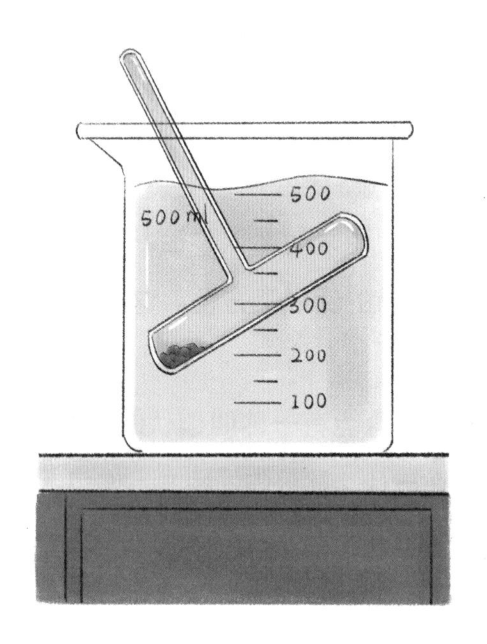

说到这儿，你可能会有疑问：什么是升华呢？升华就是一种固体不经过液体状态，直接变成气体状态的现象。冬天的时候，如果你观察过冰块儿会发现，冰块儿就算不融化成水，也会越来越小，就是因为有一些冰直接变成水蒸气了，这就是升华。

而碘本来是一种紫黑色的固体，如果你加热碘，它不会像别的固体一样变成液态，而是会直接升华成气态的碘，变成一缕紫色的烟飞走的。

“超能力”二：“显形术”

这种紫色的烟除了消毒杀菌，还有一种很神奇的“超能力”，那就是“显形术”，它能把隐身的东西找出来。这就是碘的第二个“超能力”。

那具体是怎么回事儿呢？

现在，假设你成了一名大侦探，就像福尔摩斯那样。到达犯罪现场

后，你发现这个坏蛋很有经验，似乎没有留下任何证据：没有行凶的利器，没有打斗过程中撕下来的衣服碎片，甚至连个脚印都没有。

这时候，新入行的侦探可就没办法了。不过不要担心，我现在就教给你一招，这可是从老侦探那里学来的，你要看好了。

你可以把坏蛋可能摸过的那些东西都收集起来，比如：门把手、水杯、纸张。然后，在这些物体旁边加热碘，让碘蒸气挥发出来。不一会儿，你就可能会看到一些棕色的指纹渐渐浮现出来。这很可能就是坏人留下的指纹了！

那么，碘是怎么让“隐身”的指纹显形的呢？

原来，我们人类的手指上总是会有一些油脂，所以摸过的地方很容易留下指纹。但是油脂没有颜色，要想用肉眼找到可不容易。如果把碘加热变成碘蒸气，那么碘蒸气就会和手指留下的油脂结合，手指的纹路就清晰地显现出来了。这个方法妙在，利用了油脂很容易和碘结合变成棕色的特性。

我们每个人的指纹都是独一无二的，只要把指纹找出来，坏人的身份就确定了。

碘可不只是能让指纹显形，在谍战片里，它也是一种很常用的显形剂。

你可能在电影里看过这样的情节：那些打入敌人内部的地下党员，

特别英勇，冒着生命危险把情报传递出来。可是，要是用笔把情报直接写在纸上，不就被敌人发现了吗？

这些地下党员可有办法，他们用米汤在纸上写字。等到米汤干了以后，字就“消失”了，纸还跟新的一样。等到这些纸被传给情报员以后，情报员就会将碘酒涂在纸上，情报内容立即就显示出来了。这是怎么做到的呢？

你可能已经猜到了——碘又在施展它的“显形术”了。没错，碘会跟淀粉结合，变成深蓝色。因为米汤里面有很多淀粉，淀粉干了以后是白色的，所以在白纸上看不出来。但是，把碘溶解在酒精里做成碘酒，然后把碘酒涂在纸上，这些含有淀粉的字就会乖乖呈现出来啦。

现在，虽然已经没有人再用这种办法去传递情报了，但是每当人们想要找到淀粉的踪迹时，还是会找碘帮忙，这个方法既简单又准确。

“超能力”三：调节激素

碘的最后一个“超能力”你每天都在使用，它就藏在你每天都吃的食

盐里。

我给你讲一个故事吧！几十年前，很多人都患上了一种大脖子病。其中一些患病的儿童，脖子粗得就和脑袋差不多大。他们的个头比别人矮，而且反应也有些迟钝。

当时的人们不知道这到底是什么病，还以为是生活条件太差，孩子们营养不良了。可是，很多年过去了，人们的生活条件越来越好，这种大脖子病还是非常严重，这就引起了很多人的注意。

后来，有一些医生去调查这种病，他们发现这种大脖子病，其实应该叫作地方性甲状腺肿。甲状腺在脖子两侧，因为甲状腺肿胀，所以才会导致人的脖子看起来很粗。而且，人们之所以会得这种病，和生活的地区有很大关系。一个人要是居住在沿海地区，就不容易得这种病；但是如果生活在离海边很远的山区里，得这种病的可能性就会比较大。

有人猜测，这种病很可能和食物有关。沿海的居民吃的海产品多，是海产品里的一种成分让居住在沿海地区的人们不容易得这种病。

这样一来，排查致病原因的范围就缩小了很多，碘元素很快就被注意到了。碘元素和溴元素一样，主要存在于大海里面。人类最初发现碘元素，就是从海藻里面找到的。那些没有得大脖子病的人，身体里含的碘元素比得大脖子病的人明显要多，这就很能说明问题了。

原来，我们身体的其他部位不需要碘，但是甲状腺却要依赖碘元素才能工作。所以，当我们从食物里获取碘元素以后，这些碘元素几乎全都会被送到甲状腺那里。要是找不到足够的碘元素，甲状腺里的细胞就会长得更大，想尽一切办法去寻找碘元素。这就好像挖井打水一样，如果看不见水，就会把井打得很深，直到看见水为止。就这样，身体缺碘的人的甲状腺越长越大，最后就患上大脖子病了。甲状腺会分泌一些让身体生长的激素，但是如果身体缺碘了，甲状腺分泌激素的水平就会下降，身体发育就会变得缓慢。

找到原因以后，中国就采取了一个非常重要的措施：在食盐里面添加碘。食盐里面的碘不是那种紫黑色的碘单质，而是一种叫碘酸钾的物质。碘酸钾是白色的，所以加碘食盐看起来还是那样的雪白。

1994 年，全国开始普及加碘食盐，结果患大脖子病的儿童数量很快就下降了，说明这种病真的就是因为缺碘导致的。

不过，就在加碘食盐推行十几年后，渐渐有人提出反对意见，他们说碘吃多了也不好，这是真的吗？

这个说法在特定条件下也有一定道理。如果一个人本身不缺碘，但还是天天吃加碘盐，身体里面的碘就会太多。甲状腺非常聪明，它知道碘很宝贵，于是会尽量把我们吃下去的碘全都收集起来。要是甲状腺储存的碘超过了正常水平，分泌的激素也会增加，于是人们就会患上一种叫甲状腺功能亢进的病，就是“甲亢”。得了

甲亢以后，人就会过于兴奋，还容易发脾气。

但是，我们不能忽视全民补碘的科学性，毕竟我国曾是碘缺乏病最严重的国家之一，缺乏碘元素的人数比较多。而且人们患甲亢的原因有很多，并非全部是由食用加碘盐导致的。

所以，现在全国依然统一推广加碘盐，但是市场上也有一些无碘盐，供那些不缺碘的人去购买。如果你不确定自己到底应该吃加碘盐还是吃无碘盐，可以去医院检查以后，根据医生的建议再选择。

好了，到这里，碘元素的三个“超能力”就介绍完了。当然了，每种元素都有很多种作用，至于碘的其他“超能力”，就等着你在未来的学习中慢慢发现啦。

下一章，我们要讲的元素不是一种，而是 17 种。仅仅碘这一种元素都有至少 3 个“超能力”，那一下子讲 17 种元素，怎么讲得过来呢？别为我担心，欲知后事如何，且听下回分解。

碘的重要化学方程式

碘单质常温下可以与化学性质活泼的金属直接发生反应。

碘与钠可以发生反应生成碘化钠：

$I_2+2Na=2NaI$

稀土：稀土元素既不“稀”，也不“土”

17 种元素的故事

这一章要讲的元素，一共是 17 种。它们的统称你可能在电视新闻里听过，叫作“稀土元素”。

你可能很好奇，为什么这 17 种元素要放在一起讲呢？这是因为，在自然界里这些元素经常一起出现。它们的关系实在太好了，经常缠在一起，难解难分。

这 17 个元素的名字分别是：钪（kàng）、钇（yǐ）、镧（lán）、铈（shì）、镨（pǔ）、钕（nǚ）、钷（pǒ）、钐（shān）、铕（yǒu）、钆（gá）、铽（tè）、镝（dī）、钬（huǒ）、铒（ěr）、铥（diū）、镱（yì）、镥（lǔ）（前两个分别读，后边 15 个分为三组，一组 5 个地读）。

是不是有点儿难念呀？不过，如果你一下子记不住也没关系，因为它们的性质实在是太相像了，以前的科学家们也很难分清到底哪个是哪个，最后就干脆把它们统称为稀土元素了。

这 17 个元素里面，除了前面的钪和钇，其他 15 个元素的序号是连在一起的。在元素周期表上，它们被单独放在一行，因为镧是排在最前面的那一个，所以它们也叫作“镧系元素”。

稀土元素既不“稀”，也不“土”

稀土元素为什么要叫“稀土”这个名字呢？难道是很稀有的土吗？

其实，这个名字起得有点儿名不副实。稀土元素，实际上既不“稀”，也不“土”。过去人们不太了解这些元素，就连名字都起得不大贴切。

我们在铝元素那一章曾经提到过，铝矿遍地都有，所以很少会有地方因为铝矿而出名。因为很多土壤里面含有铝元素，所以人们就说铝有土性。这里的“土性”，可不是说铝元素不洋气，而是说它和氧元素结合起来以后，形成的物质与土壤中的一些成分相同，不容易溶解在水里，也很难被烧熔化。所以，等到门捷列夫弄清楚化学元素之间的规律以后，人们就把元素周期表上和铝元素排在同一竖列的元素，都叫作“土族元素”。

（现在把它们都叫作“硼族元素”了。）

我们现在的元素周期表里，铝的下面是镓，就是那个放到手心里就能熔化的镓。而在门捷列夫所在的那个时代，人们犯了一个错误，他们把钪元素、钇元素和镧系的 15 种元素排在了铝的下面。因此，它们 17 个就被划分为了“土族元素”。而且当时的人们认为它们在地球上的含量很稀少，于是，人们就给这 17 个元素起了个“稀土”的名字。

但实际上，这些元素并不具有铝元素那样的“土性”，应该要单独分类。

不光是这样，后来人们还发现，稀土元素其实也并不稀少。

最初，人们在一种名叫“独居石”的矿石里发现了大部分稀土元素。听名字就知道，独居石—— 一种“独自居住”的矿石，肯定是特别稀少的。当时，人们只在瑞典这个国家发现了少量独居石。

但是后来科学家发现，独居石并非瑞典才有，只是在欧洲地区数量比较少，而在其他地区，像非洲、澳大利亚，还有中国，独居石都很常见。特别是我们国家，不只是独居石很多，其他含有稀土元素的矿物也不少。中国是世界上稀土元素储量最多的国家。

这样一算，全世界的稀土元素加起来也不是那么稀少了。在 17 种稀土元素中，地球上含量最多的是铈元素，它的含量和铜元素差不多。可是，谁会觉得铜元素是一种稀有元素呢？

稀土元素虽然有这么个名字，但它其实既不“稀”，也不“土”。

让各国争论不休的元素

既然稀土元素并不是很稀有，为什么全世界还有很多国家为了稀土元素争论个不停呢？这里的原因可就复杂了。

首先，稀土元素的分布特别不均匀。目前，在已经发现的稀土矿当中，我们国家拥有的数量最多，稀土资源的储量超过全世界的三分之一。稀土资源储量排名前 5 的国家，竟然就占据了全世界 十分之九的稀土资源。你看，5 个国家就占了十分之九，其他 100 多个国家才占十分之一，那些国家的人得多羡慕呀？他们心里肯定急坏了。

世界稀土资源储量

其次，稀土元素用处特别大。稀土元素有个外号叫“工业维生素”，意思是说，很多工业都离不开它们。同时，我们在生活中也能找到它们。比如，现在市面上有一种小球叫巴克球，它的磁性特别强。两个小球可以隔着几十厘米的距离互相吸引。如果你要玩它的话，一定要有家长在身边，因为巨大的磁性可能会造成危险。巴克球的磁性之所以这么强，就是因为其中用了一种叫“钕铁硼”的磁体，这里面就含有稀土元素中的钕元素。

稀土元素中的钇元素也厉害得很，它可以用来制造高温超导材料。超导材料几乎没有电阻，属于一种特别前沿的高科技材料。说到超导材料，这就要先讲讲磁悬浮技术了。

在上海，磁悬浮列车连通了浦东机场和浦东新区。这种列车可以达到四五百千米的时速，比我们现在的高铁还要快。磁悬浮列车的速度之所以这么快，是因为电磁力把火车抬起来了，让火车完全悬浮在空中，这样火车行驶起来，阻力就特别小。这种磁悬浮技术还不是最先进的，科学家正

在尝试在列车建造中使用超导材料。其中有一种材料叫钇钡铜氧，钇是构成这种材料最核心的元素。

除了制造这些材料，稀土元素还有很多用途，一些军事武器也离不开它们。因为稀土元素用处很大，所以很多国家都在想方设法地储备稀土资源。比稀土资源更珍贵的，是提炼和分离稀土元素的技术，这更是没有几个国家掌握了。要想把这 17 种稀土元素各自分离开，全世界只有中国和美国能够做到。而且，因为美国最大的稀土矿已经关闭了很多年，所以实际能提炼并分离稀土元素的只有我们中国。其他一些拥有稀土矿的国家，甚至需要先把矿石卖给中国，由中国将稀土元素提炼出来后，他们再买回去。

最大最强的稀土生产国

你可能会好奇，为什么我们国家的稀土提炼技术会这么厉害呢？难道就因为我们的稀土矿很多吗？

其实并不是这样，几十年前我们的稀土提炼技术还非常落后。

在内蒙古包头，有一个白云鄂博矿区，那里有很多铁矿。很早以前，我们在那里生产钢铁，生产过程中产生的矿渣就随意丢弃掉了。但是没想到，日本等一些国家对这些矿渣特别感兴趣，愿意花高价买下这些矿渣。

当然了，买矿渣的日本人另有盘算，他们知道这些矿渣里面还有很多稀土元素。对我们来说是矿渣，对他们来说就是稀土矿了。可惜那个时候我们没有能力去提炼稀土元素，就只能把这么珍贵的稀土矿卖了出去。

这样的情况，让北京大学的一位教授感到特别痛心，他就是著名的稀土专家徐光宪。徐光宪做了几十年的研究，用他的方法可以把稀土元素中最难分离的两种元素——镨和钕给分开。

徐光宪深知稀土元素是一种非常宝贵的资源，不能被当作矿渣随便卖出去。于是他积极地组织团队进行实践，甚至无偿地把技术转让给一些工厂，让这些工厂能够提炼出宝贵的稀土元素。他在 80 多岁的时候，还多次向中央提议，一定要保护好我们的稀土资源。与此同时，我们国家对稀土矿也越来越重视，并且经过 10 多年的发展，中国一跃成为最大最强的稀土生产国。

徐光宪做出了如此巨大的贡献，国家和人民也没有忘了他。2008 年，徐光宪获得了“国家最高科学技术奖”。2015 年，95 岁高龄的徐光宪教授

与世长辞。不过，他并没有离开我们，如果你以后选择化学专业，特别是和物质结构相关的方向，一定会知道他，因为很多教材都是他编纂的。我们能够在稀土提炼技术方面拥有今天的科技地位，可真要感谢这位杰出的科学家呢！

稀土元素的故事我们就讲到这里。下一章我们来讲一种和电灯有关的元素——钨。大家都知道，是爱迪生发明了电灯，但其实其中有一个小秘密，我们下一章再来讲。

wū

74 号元素

第六周期第 VI B 族

相对原子质量：183.8

密度：19.35g/cm^3

熔点：3414℃

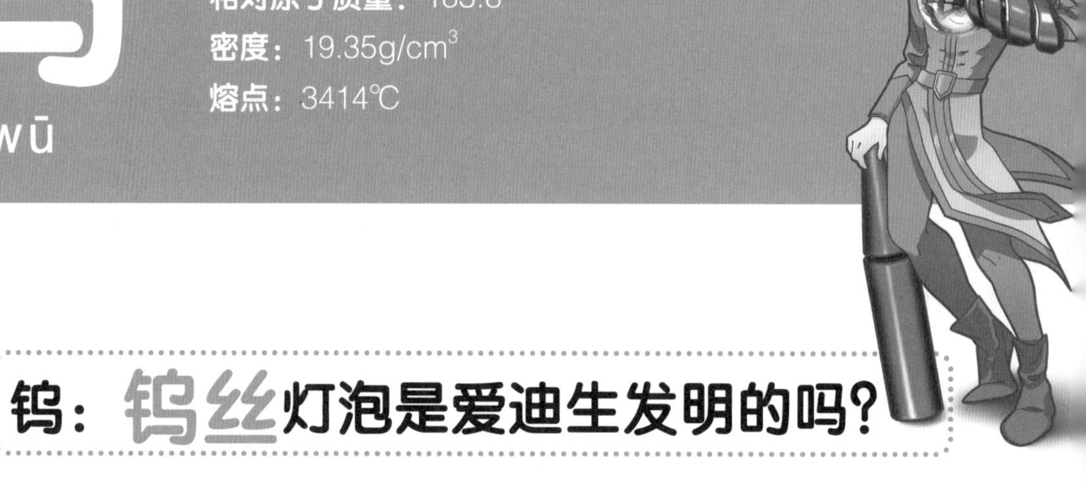

钨：钨丝灯泡是爱迪生发明的吗？

钨丝灯泡真实的发明者另有其人？

这一章要讲的这个元素叫钨。一说到钨，你可能就会想到大发明家爱迪生。很多故事里讲过：爱迪生为了发明白炽灯，试了 1000 多种材料，最终选择使用金属钨做灯丝。从此，白炽灯走进了千家万户，人们在夜晚才用上了方便的照明工具。故事的最后，往往还会号召我们学习爱迪生不轻言放弃的精神。

这个故事是蛮有意义的，可它有一点讲得不对。事实上，爱迪生并没有发明出钨丝白炽灯，它真实的发明者另有其人。

那钨丝白炽灯的发明者到底是谁呢？下面，就让我来给你讲讲白炽灯的故事。（钨丝白炽灯是白炽灯的一种。）

现在的生活中，白炽灯已经用得很少了，只在一些公共场所还比较常见。简单来说，白炽灯的构造就是玻璃的灯泡中间，有一根灯丝。在我们给灯泡通电以后，灯丝就发光了。

单质沸点：5555℃
元素类别：过渡金属
性质：常温下为银白色金属
元素应用：白炽灯、穿甲弹、安全锤等
特点：熔点最高的金属，密度大

虽然白炽灯看起来十分神奇，但是它被点亮的原理就和燃烧木炭差不多。要是你在烧烤店看到过炭火，肯定会注意到，那些原本黑色的炭被烧得通红。不光是木炭，工厂在制造玻璃杯的时候，也是要先把玻璃烧得发红，然后才能塑造形状；炼钢厂里的钢轨，刚刚被加工出来的时候也是红的。总结起来就是，大部分东西只要被加热到很高的温度，就会变红。科学家把这种现象叫作热辐射。

其实，物体在温度没那么高的时候也会辐射。比如桌上有一杯热水，我们的手还没有碰到杯子的时候，就已经能够感觉到热了，就是因为热水会辐射。这种辐射发出的是我们肉眼看不见的红外线。要是物体的温度达到几百摄氏度，辐射出来的就不是红外线，而是可以被我们看到的可见光了，这个时候一般是红光。要是温度再高一些，光的颜色也会变化，从红光变成黄光，再变成蓝光或白光。所以，白炽灯就是把灯丝加热到很高的温度，灯丝就会发光了。

爱迪生发明白炽灯，就是应用了热辐射这个原理。在他看来，制作白炽灯最重要的环节就是需要找到一种材料——既可以导电，而且还要有电阻。这样的材料做成灯丝，在通电以后灯丝会发热，温度越来越高，最后就能发出光来。

就这样，爱迪生废寝忘食地寻找制作灯丝的材料，足足尝试了上千种，最后选定了炭化的竹丝，也就是现在常说的碳丝。

你可能会感到奇怪，木炭放在炉子里会越烧越小，竹丝难道不会在加热的时候被烧坏吗？爱迪生当然也想到了这个问题，于是，他就把灯泡里面的空气抽掉。这样炭化的竹丝在被加热的时候，就没办法和空气反应了。这样操作做成的灯泡，可以点亮上千个小时。

到这里，白炽灯就算是被发明出来了。爱迪生随后成立了通用电气公司，开始销售碳丝白炽灯，这也是人类第一次大规模开始使用电灯。

那故事到这里就结束了吗？当然没有，钨丝还没有出场呢。在实际使用中，人们发现碳丝白炽灯往往达不到预期的使用寿命就坏了，而且发出的光也不是很亮，它只能算是个不成熟的产品。

所以，爱迪生当时一边卖着这种碳丝白炽灯，一边还在寻找着新的灯丝材料。到底哪种材料最合适呢？

将来你可能会学到：钨是一种金属，它最大的特点就是熔点特别高，达到了 3000 多摄氏度，是所有金属中熔点最高的。因此它不会轻易被烧断，非常适合做灯丝。

可似乎还是说不通。碳丝的主要成分是石墨，它的熔点可比金属钨还要高几百摄氏度呢，可是爱迪生改进了 20 多年，也没能让碳丝白炽灯的使用寿命延长很多。

所以问题的关键并不只是在于熔点，而是因为碳丝太脆了，它就跟玻璃一样，很容易崩开。相比之下，金属有弹性，用作灯丝的话，灯泡的使用寿命就会长一些。

在选定钨丝之前，人们已经把能够用的金属全都试了，其中有一些材料比黄金还要贵，它们的熔点也只比钨丝低了一点点。可是这些金属发出的光不够亮，因此全被否决了。

至于钨丝，发明家们也想到它了。但问题是，钨丝在加热以后也会变得很脆，并没有比碳丝强韧多少。20 世纪初，有一些人进行了一系列改进，尝试用各种方法提高钨丝的弹性，而且还做出了一些实验品。不过，这些实验品还是各有各的缺点。

又过了几年，通用电气公司一位名叫库利吉的员工，终于做出了一种最适合用在灯泡里的钨丝。随后，通用电气公司就用钨丝取代了碳丝，造出了钨丝白炽灯。所以如果要问钨丝白炽灯的发明人是谁，公认的答案就是库利吉。

当然，这里面也有爱迪生的功劳。毕竟，要不是爱迪生和他的通用电气公司一直在寻找新的灯丝材料，库利吉也不一定会有这么伟大的发明。

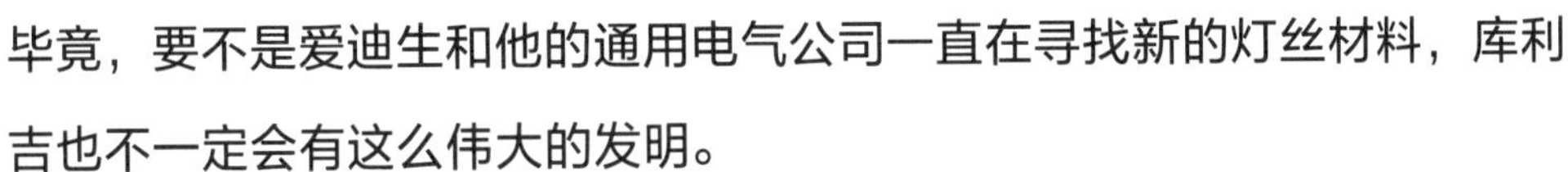

钨丝白炽灯不见踪影了

现在我们已经知道钨丝白炽灯的真实发明者是谁了。可还有一个问题：人们花了那么长时间，优选灯丝的材料，为什么现在人们家里却很少用白炽灯了呢?

简单来说，是因为白炽灯太费电了。我们与其说白炽灯是灯，不如说它是个电暖炉。在白炽灯耗费的电能里，大概只有不到百分之五转化成了光能，百分之九十五以上的电能都变成热能白白耗散掉了。

我们现在经常会用一种 LED 灯，如果需要灯具发出同样亮度的光，LED 灯耗费的能量连白炽灯的十分之一都不到。你要是用手靠近 LED 灯，会发现它基本上不怎么发热，这就是它节能的证据。

如今，在咱们国家，大部分人家里都已经找不到白炽灯了，只有在球场、工厂车间等地方，还留有白炽灯的一席之地。

钨元素有大用场

那么，钨在灯泡里的用武之地越来越少了，它是不是就要变成一种没用的元素了呢？这个你不用替它担心。实际上，制作灯丝只是钨元素的一个小小的用途。

把钨添加进铁里面，可以做成钨钢。钨钢的作用可就大了，军事和工业领域都离不开它。

你在电视新闻里肯定见过坦克和装甲车，现在的一些坦克，正面装甲最厚的地方厚度会超过一米。一米厚的钢板防御能力有多强呢？你可以想象一下。我们现在住的楼房，墙壁厚度一般还不到半米，而且只是混凝土筑成的，一般的大炮就已经打不穿了。所以，坦克和装甲车的防御能力

是非常强的，毕竟想要打穿一米厚的钢板，那可真是难上加难。但是，有一种穿甲弹就可以做到。它专门用来对付这种特别厚的钢板，因此才有了“穿甲弹”这个名字。现在的穿甲弹，一般都是用钨钢做成的。

那为什么用钨钢呢？首先，因为钨的密度很大。钨的密度跟金差不多，是铁的 2 倍还多。所以在体积相同的情况下，钨钢比其他金属更重，砸下去的威力也就特别大。你想，一个轻飘飘的木槌和一个铁锤，抡起来砸下去，那肯定是铁锤的破坏力更大。

其次，因为钨的熔点很高。金属相互撞击的时候会发热。在穿过装甲的时候，装甲的合金因为受热会变软，但是钨钢不会，所以它就跟钉子砸到木头里一样，狠狠地穿了过去。

航空母舰就更离不开钨钢了。飞机在航空母舰上起飞、降落的时候，经常重重地撞到甲板上。而且，有些飞机可以垂直起降，会像火箭那样，直接对着甲板喷火。所以，制造航空母舰甲板的材料就特别重要，要是材

料不合适，用不了多久甲板就会磨损了。甲板磨损以后飞机起飞就容易出问题。这个甲板材料，当然还是钨钢最能胜任了。

除了用来制作钨钢，钨元素还能用来制作碳化钨合金，这是一种硬度只比金刚石低一点儿的合金。所以，碳化钨合金经常被用来做成切刀。你可能知道削铁如泥这个成语，虽然听起来有些夸张，但是碳化钨真的可以做得到。

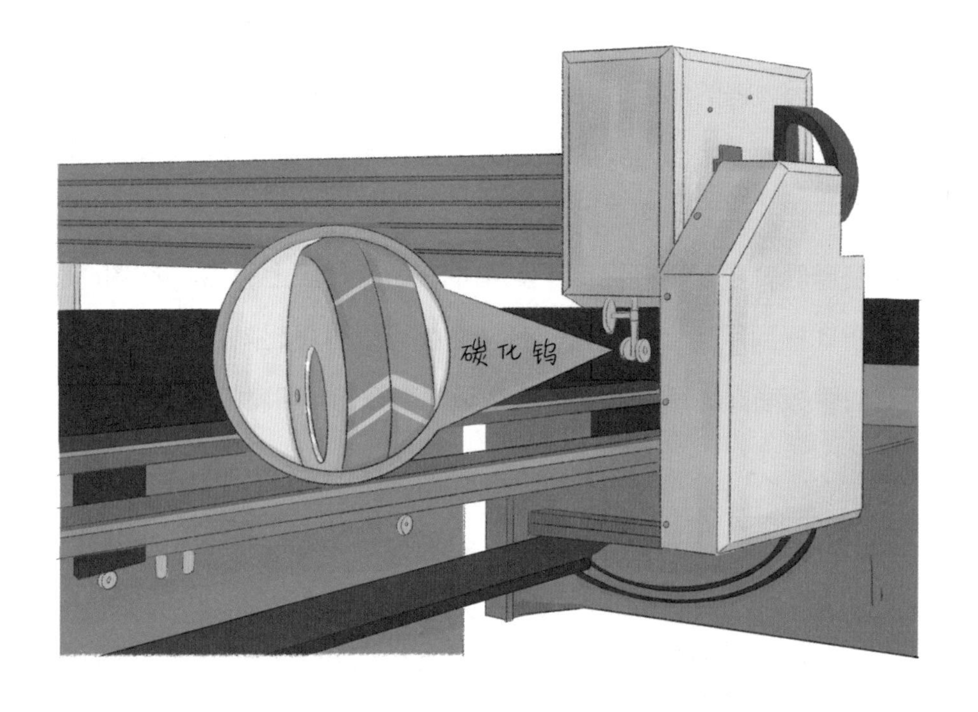

金属材料切割机

钨元素的故事就讲到这里。相信你肯定会记住钨的熔点高、密度大、硬度也高；它能做灯泡，也能做炮弹，是一种非常强硬的金属。

下一章，我们要来会会金元素。你肯定对它非常熟悉了，说不定还曾经悄悄许过愿望，想要获得一大堆金子。可在我看来，如果你真的把全世界的金子都拿在手里，反而就没什么用了。这是怎么回事儿呢？我们下一章来揭秘。

钨的重要化学方程式

在室温下，钨不会与空气或氧气反应。

在高温下，钨与氧气反应生成三氧化钨：

$2W+3O_2 \xlongequal{高温} 2WO_3$

79 号元素

第六周期第 I B 族

相对原子质量：197.0

密度：19.31 g/cm^3

熔点：1064.18℃

金：世界上最没用的东西之一

最有名气的元素

在讲这一章的元素之前，我先请你做一个小测试：请你闭上眼睛，心里想着“宝藏”“财宝”这些词，你的脑海里浮现出来了什么画面？是不是一大堆金灿灿、闪闪发光的黄金？古往今来，黄金都是财富的象征。

这一章要讲的元素就是金元素，它可能也是元素周期表里面最出名的一种元素。有人曾经统计过汉语中含有金的词语，最后找出来 400 多个，比铁还要多。比如，金枝玉叶、一诺千金、点石成金、金玉良缘……相信你也可以说出一大串含有“金”字的成语。我们如果要形容某样东西特别珍贵，就会说“金不换”，意思是拿金子过来都不换。还有很多城市的名字也和金有关，比如南京又名金陵，江西有个城市叫瑞金，浙江有个城市叫金华。另外，就连奥运会比赛中，第一名得到的都是金牌。这些都说明，我们有多么喜欢金，金元素在生活中有多么“常见”。

所以你看，金元素的名气在众多元素中排第一是毋庸置疑的。

单质沸点：2836℃

元素类别：过渡金属

性质：常温下为金黄色金属

元素应用：电力传导，医疗，货币，珠宝等

特点：柔软，延展性强，导热、导电性能好

它真的名副其实吗？

但是，金元素真的配得上它这么大的名气吗？

以我们日常生活中的金元素来说吧，金子最大的用途就是做装饰品，例如金耳环、金项链、金戒指，很多人会花高价去买它们。偶尔金子也会用在手表这样的物品上，但是它的作用还是装饰。还有一些雕像的表面会镀一层金子，在灯光的照耀之下，雕像金光闪闪非常好看。那黄金起了什么用呢？没错，依然是装饰。

当然了，金元素也不是一点儿实用价值都没有。我们现在几乎每天都要用到手机，手机里面就会用到金子。在手机里面，金子是用来保护电路的。

手机里有很多细细的铜线做电路。铜的导电性很好，可是铜容易生锈。万一这些铜线生了锈，手机也就坏掉了。而金子不会生锈，所以把金子涂在铜线的表面，手机就不容易坏了。

可是，即便是算上这个用途，金子还是没多少实用价值。到这一章为止，本系列图书已经讲了 50 多种元素，还没有哪种元素像金子这样不实用。所以说，金元素大概是最名不副实的一种元素了。

金子酿成的惨剧

有人说，现在大家觉得金子没有多少实用价值，是因为世界上的金子太少了，我们没有机会去发现它的用途。

这个看法有一点儿道理，但又不是完全正确。

人们常常把金元素、银元素和钯元素归为一类，说它们是贵金属。这些元素在地球上都比较稀少，而且色泽美丽、不易生锈、价格高昂，所以就得来了贵金属的名号。不过，虽然钯元素也很稀少，但是人们发现它有很强的催化能力，把它用在了像汽车三元催化器这样的地方。

可见数量稀少并不妨碍人们发现元素的用途，而且在历史上有好几次，人们拥有的金子突然变多，结果不仅没有找到金子的特别用途，有些国家还因为金子衰落了。

15 世纪至 16 世纪的大航海时代，南美洲的印加帝国，还有欧洲的西班牙，都因为黄金倒了霉。在这 100 多年的时间里，欧洲人突然开始跨

越大海，探索世界，哥伦布发现了新大陆，麦哲伦完成了环球旅行，这都是非常伟大的壮举。但是，到底是什么原因，让他们敢于冒这么大的风险，驾驶着木制帆船，去和汹涌的海水较量呢？

答案就是——黄金。那时候，欧洲人都以为在遥远的中国和印度遍地都是黄金。其中，哥伦布尤其爱财，他光是想象着大堆的黄金，感觉两眼都会冒金星、口水都要流下来。于是，他就想方设法说服西班牙国王，资助他出海探索新航道，去寻找黄金。

后来，哥伦布误以为自己到达了印度，其实他是发现了一片新大陆，也就是美洲。那美洲有黄金吗？

哥伦布踏上美洲大地之后，并没有找到黄金。可他害怕自己没找到黄金，以后西班牙国王就不让他们出海了。于是他就撒了个谎，对国王报告说这里真的就是印度，遍地都是黄金！

结果西班牙国王当了真，立刻下令，凡是能把美洲的黄金运回来的人，只需上缴五分之一，剩下的黄金就都是自己的。

这下可热闹了，一些亡命之徒也想办法去了美洲。这些人到了美洲之后，每天游手好闲，有的时候还打打杀杀，欺负那里的原住民。

在这些人里，有一个很有想法的人，他叫皮萨罗。皮萨罗听说南美洲有一个叫印加的黄金帝国，国王坐的车子都是纯金的。听到这个传闻，皮萨罗心里就痒得不行，最后贪欲压过理智，他带着几百人就去寻找印加帝国了。

没想到，皮萨罗还真的找到了印加帝国。而且不光找到了，皮萨罗还仗着自己这一方的武器优势，竟然只用这区区几百人，便击溃了印加帝国几万人的军队，征服了这个国家。

印加帝国怎么这么不中用呀？其实，这就跟黄金有关。

印加帝国确实是一个黄金的国度，它位于现在的秘鲁一带，历代国王都爱财如命。印加人开采出来的黄金，不能自己拿着当钱用，必须要上缴给国王。所以国王不只是坐着金车，就连他的鞋子都是金子做的。至于普通的印加人，他们只能用织出来的布作为货币。

所以，虽然这个国家有几百万人，但他们都不想替国王卖命。印加国王没有办法，只好和皮萨罗谈判，要用一个屋子的黄金，换皮萨罗饶自己

不死。但是皮萨罗这些人都不是讲道理的人，他们把印加国王杀了，把所有的金子都抢走了。

你看，印加帝国的国王收集了那么多黄金，到了生死关头，却一点儿用都没有，反而成了杀身之祸的因由。而皮萨罗虽然抢到了无数的黄金，但是他在和同伙分赃的时候，也因为起了内讧被杀掉了，没有实现大富大贵的梦想。

印加国王、皮萨罗都死掉了，那西班牙国王驱使人们从美洲抢回了那么多黄金，是不是就发达了呢？短时间内确实是发达了，西班牙成为当时世界上最强大的国家，据说当时全世界将近八成的黄金都在西班牙。靠着这些抢来的财富，他们组建了当时最强大的舰队，号称“无敌舰队”，所有的国家都不敢招惹西班牙。

但是好景不长，西班牙逐渐衰落了，到今天完全就成了欧洲的一个普通国家，跟英国、法国、德国的发展无法相提并论。这是怎么回事儿呢？

你可能听说过“通货膨胀”这个词。它的意思就是，市面上流通的货币太多了，于是各种货物都涨价，货币变得不值钱了。当时，西班牙流通的黄金太多了，超过市面上能够买到的东西，于是就出现了黄金贬值的情况。

你想，在那个时候黄金几乎没有实用价值，只能够用来做首饰。一旦黄金贬值了，那些首饰也就不值钱了。这样一来，黄金就更没人要了。

虽然西班牙从美洲夺取了大量的黄金，但是它的国力并没有比其他国家增强多少。以所谓的无敌舰队举例，看起来这支舰队的装备十分先进，实际上舰队的战斗力并不高。1588 年，西班牙无敌舰队进攻英国，被打了个落花流水。之后的二三十年，西班牙跟英国又打了大大小小十几次海战，结果都没占到便宜，反而消耗了自己的实力。最后，西班牙的国力在一场场战争中消耗空了，慢慢沦落成了欧洲的落后国家。

所以你看，黄金是不是太没用了？要是真的让黄金泛滥了，就连它充当货币的工作都做不好。

要这金子有何用？

既然黄金这么没用，为什么我们现在还要继续开采它呢？

其实，从西班牙的故事就可以看得出来，黄金的价值不是在使用的时候体现的，而是在储备不动的时候体现的。现在大家已经很少用黄金直接交易了，都是用的纸币。但是对于国家来说，纸币印刷起来太容易了，比黄金更容易通货膨胀。

如果一个国家储备了足够多的黄金，就可以利用黄金去调控货币的价值。如果某个国家的金价暴涨了几十倍，人们就会去抢着购买黄金，防止手里的钱继续贬值。要是这个国家储备的黄金太少，人们买不到黄金，最后就会造成严重的金融危机。

所以，我们现在虽然还在开采黄金，但是主要不是为了用，而是为了“不用”。或者说，黄金最大的价值，就在于它“没价值”。

下一章，我们要讲一种赫赫有名的元素——汞，也就是水银。据说，秦始皇的陵墓里有满满一池子的水银，这是怎么回事儿呢？我们下一章来揭秘。

金的重要化学方程式

1. 金受热后可以在氟气中燃烧形成三氟化金：

$2Au+3F_2 \xlongequal{点燃} 2AuF_3$

2. 金与王水（浓硝酸与浓盐酸的混合溶液）反应，生成一氧化氮：

$Au+4HCl+HNO_3 = HAuCl_4+NO\uparrow +2H_2O$

80 号元素
第六周期第 II B 族
相对原子质量：200.6
密度：13.5462 g/cm^3
熔点：-38.829℃

汞：秦始皇陵里面有一条水银之河吗？

为什么非要用水银？

这一章，我们要讲的是汞元素，你可能对它的另一个名字很熟悉，那就是水银。在你小的时候，家里应该有一支水银体温计吧？在它的其中一端，里面有一滴银色的液体，那就是水银。爸爸、妈妈怀疑你发烧的时候，就会让你把水银体温计夹在腋下，测量你的体温。

他们往往还会叮嘱你：不要随便玩体温计，因为里面的水银有毒，要是把体温计折断了，水银漏出来可是很危险的！

可是，大人明明知道水银有毒，为什么非要用水银做体温计？用别的不行吗？

很多人家里还有一种气温计，里面装的液体是染成了红色的酒精，还有一些温度计里装的是煤油。酒精和煤油对人体的伤害都很小，那为什么不用它们制作测量人体温度的体温计呢？

你如果把气温计放进冰箱里冻一会儿，它指示的温度很快就会下降。

等你再把它从冰箱里拿出来，它指示的温度又会回升。而水银体温计呢，你把它从腋下拿出来之后，不管过去多久，水银线也不会下降，这样你就能拥有充足的时间读出体温了。如果你想再测一次体温，就要捏紧体温计使劲甩几下，把水银线甩回到35℃刻度线以下的位置。

那么，水银体温计为什么会“记住”你的体温呢？这是因为它有一个巧妙的小结构：在水银液滴所在位置的上方，体温计内部的管道拐了一个大弯。在这个弯道的位置，管道变得特别特别细。这样，等体温计离开人体后，弯道下方的水银遇冷收缩，水银线就在弯道位置断开了，而弯道上方的水银就留在了原地。因此，体温计的示数才不会快速变化。

那么酒精、煤油这些做不到吗？它们不能在这个弯道断开吗？这个还真的不行。比方说，你把酒精滴在一张纸上，因为纸上有很多肉眼看不出来的细小的缝隙，所以酒精一下子就漏下去了。而对水银来说，这些细小的缝隙都不算事儿，水银的密度很大，所以水银小液滴会稳稳地停在纸面上，就像在体温计里停在弯道上方一样。世界上像水银这样密度大的液体很少，而水银价格又便宜，所以人们就只好选用它了。

到底有多毒？

有的同学可能要问了：大家都说水银有毒，那它到底有多毒呢？

汞元素可以和其他很多元素结合，比如汞元素和氧元素结合生成氧化汞，它就没有太大的毒性。还记得拉瓦锡发现氧气的故事吗？他就是用氧化汞做的实验。

但是，汞元素还可以形成一种叫二甲基汞的物质，它的毒性可就大了。美国有一位叫凯伦的女科学家，她专门研究含汞物质的毒性。1996年，她在做一个实验的时候，不小心把两滴二甲基汞滴到了自己戴着手套的手上。虽然隔着一层手套，但凯伦还是非常警惕，赶紧按照操作规范进行了处理。她立即把手套摘掉，还认真地洗了手。

半年之后，凯伦突然得了严重的疾病，被送到了医院。据说，她在医院里治疗的时候，整个人在意识不清的状态下翻来覆去，看上去非常痛苦。但是医生却说，其实凯伦这时候已经没有痛觉神经了，她感受不到疼痛，也许活不了几天了。到了 1997 年 6 月，也就是凯伦把二甲基汞滴到手套上一年后，她去世了。

在凯伦去世以后，科学家才发现，她是死于汞中毒，而且就是因为二甲基汞滴到手套上的那次事故。原来，二甲基汞是一种剧毒物质，它可以轻松穿透手套，而且穿透速度非常快，只需要 15 秒左右。尽管凯伦作为一位专业的科学家，已经做了最严密的防护，但她还是被二甲基汞毒死了。

这还不是汞元素造成的最大灾难。20 世纪 50 年代，日本水俣（yǔ）县出现了一种怪病，人得了这种病以后，会神经受损，身体麻痹。有时候病人会像猫那样狂叫，最后痛苦地死去。人们把这种病叫作“水俣病”。

你可能还记得，之前我们讲过痛痛病，那是水被镉元素污染导致的；水俣病也是因为环境污染，而元凶就是这一章讲的汞元素。

原来，在水俣县这个地方，有一些化工厂会用到汞。本来应该把这些汞保存好再集中处理，可是这些工厂的老板却很不负责任，他们直接就把含有汞的废水排放到了海水里，于是汞元素又进入到鱼的体内。等到人吃了这些鱼以后，身体里的汞元素就会越来越多，最后患上了水俣病。

为了找到致病原因，日本政府花了整整 12 年。在这 12 年里，化工厂一直在排放着含有汞的污水，许多人在这场灾难中遭殃了。

所以你看，汞确实是一种很可怕的元素，如果它和一些元素结合，形成剧毒的物质，那可真是会要人命的。

汞的毒性这么大，如果我们不小心将水银体温计打碎了应该怎么办呢？这可要非常小心。

别看汞是液体，但它比铁、铜、银的密度还要大。如果把铁放在水银里面，铁就会漂起来。所以，打碎体温计以后，掉落在地上的汞不会像水那样摊在地面上，而是像钢珠一样滚到地势比较低的地方。如果不对这些汞进行处理的话，它会慢慢地挥发出汞的蒸气，然后被人呼吸到肺里，危害健康。

正确的方法是：首先，戴好口罩和手套；然后，找到这些小汞珠，慢慢地用小

铲子把它们铲起来，倒在一个瓶子里；再往瓶子里灌些水，接着在瓶身处贴上写好“水银”两个字的标签；最后将瓶子送到有害垃圾的分类垃圾箱里。不仅如此，屋子里也要彻底通风，最好在地上铺一些硫黄。因为汞和硫黄很容易结合在一起形成硫化汞。几天以后，把这些硫黄扫掉，这样就能把汞彻底“降伏”了。

当然，最好的办法就是别再使用水银体温计。我们国家已经规定，自 2026 年 1 月 1 日起全面禁止工厂制造水银体温计。在这个时间点之前呢，除了上册书中讲到的液体镓合金体温计，我们还可以购买使用电子体温计，利用红外线原理测量体温，这种体温计的准确度也很高。

古代皇帝偏爱汞？

现在你肯定牢牢记住了：汞是一个很危险的元素，我们应该尽量远离它。不过，在古代，古人掌握的知识不全面，他们就很喜欢接触汞元素。比方说，古代有很多皇帝都非常喜欢汞，他们不仅认为汞没有毒，而且还把它看成是长生不老药。

秦始皇就是一个特别喜欢汞的皇帝。在陕西，秦始皇的陵墓到现在还保存得好好的。如果你喜欢看小说可能会觉得奇怪，2000 多年过去了，难道没有盗墓贼觊觎财宝丰厚的皇陵吗？

其实，那些盗墓的人早就打过主意了，但是最后都没成功。经过检测我们发现，秦始皇陵墓附近，汞元素超标很多，这说明陵墓里面埋藏了很多水银。这也不是秘密了，司马迁的《史记》里面就记载了，秦始皇在陵

墓里面放了一个巨型的沙盘。沙盘中有长江、黄河，还有很多河流、湖泊甚至海洋，全都是用水银填充的。但是，那些盗墓的人不相信，最后挖着挖着就中毒了。

汞不光毒死了盗墓者，很可能也毒死了秦始皇本人。秦始皇统一六国以后，希望自己能长生不老，于是他找了一些人去炼长生不老药。但是那些人都是骗子，总是用硫化汞冒充长生不老药。硫化汞是红色的，古代也叫朱砂，看起来是挺好看的。可它毕竟含有汞元素，人若是日复一日地吃下去，身体里的汞就会积累，最后中毒而死。秦始皇只活到了 49 岁。在秦始皇之后，有好几位皇帝也想靠朱砂炼的药长生不老。他们不仅都没有成功，而且大多数都很短命。

虽然这都是过去封建迷信的故事，但是到了现在，还有很多人打着长生不老药的旗号欺骗人。我们都要睁大眼睛，不能被这些人给骗了。

秦始皇建立的秦朝是中国第一个帝制王朝，当时在欧洲也有一个巨大的帝国叫罗马帝国。秦始皇喜欢汞，而罗马帝国的皇帝喜欢铅，铅也是一种有毒的元素，那么铅会在罗马帝国惹出什么事儿来呢？我们下一章再说。

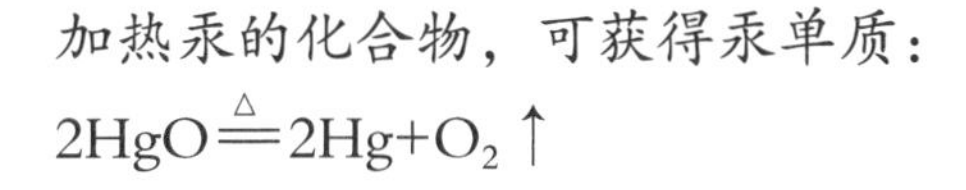

加热汞的化合物，可获得汞单质：

$2HgO \xlongequal{\triangle} 2Hg+O_2\uparrow$

82 号元素

第六周期第 IV A 族

相对原子质量：207.2

密度：11.3437g/cm^3（16℃，1atm）

熔点：327.46℃

铅：罗马帝国毁于铅？

比铁和铜都要重

你在写作文的时候，说到自己走不动了，有没有用过“两条腿就像灌了铅一样”？铅是一种密度很大的蓝灰色金属，相同体积情况下比铁和铜都要重，所以我们在生活中，经常用铅来形容一种东西很沉。但其实我们在生活中很少看到铅。

比如我们在体育课上推的铅球，其实是铁球。现代推铅球这个运动，源自近代军队炮兵闲暇时推掷炮弹的游戏和比赛，那时候的炮弹一般是用铅做的，所以就叫铅球。可是，

单质沸点：1749℃
元素类别：后过渡金属
性质：常温下为柔软的蓝灰色金属
元素应用：铅酸蓄电池、防辐射物料、多种合金
特点：硬度低、易加工，原子序数最大的非放射性元素

真正的铅做成的球重量虽然够重，但是它的质地太软了，这么扔来扔去很容易磨损，重量就不准了，于是人们就用坚硬的铁球取代了铅做的球。

除了铅球，你肯定还会想到铅笔。然而，铅笔里也不含铅元素。就跟铅球一样，最早的铅笔确实也是用铅做的。但铅太软了，远不如石墨好用，所以后来，人们用石墨和黏土混合起来做成铅笔芯，又一次抛弃了铅。

炮弹为什么也抛弃铅？

你看，铅这个元素，以前的确是挺辉煌的，现在却没落了，逐渐没有用武之地了。就连铅球的“原型”——炮弹也不用铅制造了。这是怎么回事儿呢？

我们从源头讲起。在火枪和大炮刚刚被发明出来的时候，人们尝试了很多种材料来制作子弹和炮弹。你如果去军事博物馆参观，会看到铁弹、铜弹，甚至还有圆圆的石头弹。但是，这些弹药都有一个共同的缺点——它们太硬了，会磨损枪管或者炮管。这些弹药用得久了，枪炮就打不准了。最后，铅就成了最合适的选择，它不只软，而且比那些材料密度大，杀伤力也更大。

请你注意，最开始的炮弹都是实心的，全靠发射出去后那一股冲力造

成破坏。后来，人们改进了设计，把实心弹中间挖成空的，填入火药。这种炮弹发射到敌人阵地以后发生剧烈爆炸，破碎的弹片朝四面八方炸出去，杀伤力就又上了一个台阶。

铅弹片打进人体之后，不仅让人经受皮肉之苦，铅还会慢慢地被身体吸收，让伤员中毒。严重铅中毒会损害人的神经系统、心血管系统、生殖系统、免疫系统，让人变得痴呆，并且会出现内脏疼痛、皮肤红肿等症状，整个人可以说是生不如死。

铅弹的危害可以说是跟生化武器差不多。所以，与禁止使用生化武器一样，铅弹也被禁用了。从此，铅就更加无事可做了。

罗马帝国衰落的秘密

不过，在古代，人们对铅的毒性认识不足，所以犯下过很多大错。有历史学家认为罗马帝国的衰落就跟铅元素有关。

罗马帝国的疆域很辽阔，其中一些地方盛产葡萄，而且那些葡萄非常适合酿造葡萄酒。可是，当时的储存技术并不是很先进，葡萄酒放着放着就发酵了，变成酸葡萄酒，喝起来很不是滋味。

古罗马人发现，如果用铅做成的杯子喝酒，酸葡萄酒就会变甜。现在我们知道，酒变酸是因为里面产生了醋酸，而铅能够和醋酸结

合，变成醋酸铅。在这个过程中，醋酸都被消耗光了，生成的醋酸铅是一种甜丝丝的物质，所以酸葡萄酒就神奇地变甜了。

醋酸铅可真是一种充满诱惑的危险品，因为在它甜蜜的表面之下，隐藏着有毒的铅元素。罗马帝国的皇帝和贵族们就没能抵抗住它的诱惑，一杯又一杯地喝下甜葡萄酒，也把铅元素吃进了肚子里。

历史学家考证，古罗马有不少皇帝寿命都很短，活到 20 多岁就死了，而且很多不能生育孩子。最后皇帝连权力也保不住了，国家因此陷入了混乱和分裂。这些悲剧，说不定就和他们喜欢铅元素有关系。

一个影响极大的错误

听了罗马帝国的故事，你可能会觉得古人很愚昧。而现代人也会因对铅元素认识不足而犯错误。就在你爸爸、妈妈小时候，全世界的人都在一起吸着带铅的毒气，这可比罗马帝国的事件要荒诞多了。

在 100 多年前，汽车开始慢慢地普及起来，成为一种消费品。但是，有个问题一直困扰着当时的工程师：汽车发动机里的汽油在燃烧的时候，总是会出现爆燃的现象。

什么叫爆燃呢？如果你点过蜡烛，可能会注意到，蜡烛烧着烧着，火焰会突然一下变得更亮，还会发出呲的一声；或者父母在用燃气灶做饭的时候，恰逢火苗里滴了点儿水，火光也会突然蹿起来。这些燃烧不稳定的现象，就是爆燃。但是这些爆燃远没有汽油爆燃那么激烈。我们在加油站看见的汽油标号 92 号、95 号、98 号，就是指汽油的抗爆性，数字越高，汽油就越不容易发生爆燃。

如果汽车发动机里经常发生爆燃的话，那么汽车跑不快，耗油也多，而且也会缩短发动机的使用寿命。

有些化学家想了个办法——在汽油里面混一点儿酒精。可是酒精容易吸水，水会导致油箱和发动机生锈，所以这也不算是个好办法。

于是，怎样让汽油不爆燃，难住了当时最顶尖的科学家和工程师。当时在通用汽车公司，有个叫米基利的机械师，机缘巧合地加入了研究团队，研究汽油抗爆的问题。他虽然没有学过太多化学知识，但是很聪明，也很好学，很快就开始盯着元素周期表进行研究。

有一天，米基利突然想到，汽油是一种含有碳和氢的混合物，其中的碳是造成爆燃的主要原因。如果有一种元素能替代碳，是不是可以解决问题呢？他盯着元素周期表，顺着碳元素往下看，下一个是硅，然后是锗和锡，最后是铅。米基利心想，就试试铅！他找到一种叫四乙基铅的物质，它可以很好地溶解在汽油里。汽油里面加了它以后，就不容易爆燃了。

为什么这么好的东西，那些化学家却想不到呢？不是他们不聪明，而是铅元素从一开始就没有被考虑，因为铅元素有毒。在米基利提出使用四乙基铅的方法后，很多人也质疑他，认为不应该把铅元素加在汽油里。后来，有一些工人在生产四乙基铅的时候意外死亡了，更加重了人们的疑虑。

但是，米基利坚持认为自己的成果无误，于是他在一次记者招待会上，当着很多人的面吸入挥发的四乙基铅蒸气。他持续吸了一分钟，向所有人证明了四乙基铅没有毒。

在米基利亲自证明以后，人们悬着的心终于放下了。但是，没过多久，米基利的身体就开始出现异常，他休息了整整一年才勉强恢复过来。而他始终没有承认这是吸了四乙基铅蒸气导致的。

直到米基利去世几十年后，人们惊讶地发现，因为长时间在汽油中使用四乙基铅，全世界每个角落的空气里面都含有一些铅元素。而且，和铅元素有关的慢性病也越来越多，说明空气中的铅对人体造成了危害。

最后，全世界禁用了四乙基铅，换上了无铅汽油。

你可能会问：禁用四乙基铅，那汽油怎么抗爆呢？其实我们现在已经有很多抗爆剂了，而且最好用的一种居然就是酒精。现在的汽车不像 100 年前那么容易生锈，所以很多地方都把酒精添加进汽油里。这种做法把酒精当作燃料的同时，让汽车跑起来更平稳。

铅的故事就讲到这里。下一章我们要说的元素是镭元素，它演绎了一段更加荒诞的故事，它也和一位伟大的科学家产生了紧密的联系。这位科学家是谁呢？我们下一章揭秘。

铅的重要化学方程式

铅和氧气反应生成氧化铅：

$$2Pb+O_2\xlongequal{点燃}2PbO$$

88 号元素

第七周期第 II A 族

相对原子质量：（226）

密度：5.5g/cm^3

熔点：696℃

léi

镭：千万别喝含镭的水！

镭射眼跟镭元素有什么关系？

这一章要说的元素叫作镭。看到它，你或许会想到两件事情：一个是居里夫人发现了镭元素；另一个，恐怕就是电影里的超级英雄镭射眼了。

在电影里，镭射眼是一个变种人，他的双眼天生拥有发射红色冲击波的能力。这种红色冲击波比子弹还要厉害。那么，镭射眼的超能力跟镭元素有关吗？

答案是没有关系。实际上，镭射就是激光的意思。在英语里，激光的单词是“laser”，以前有很多人直接通过音译，把 laser 说成“镭射”。

而镭，是一种放射性元素，它时时刻刻都在发射我们肉眼看不到的射线，伤害人体。要是把镭做成激光器，还没打到敌人，自己反而先被射线伤害了。所以，镭射眼是不可能用镭来产生激光的。

单质沸点： 1140℃
元素类别： 碱土金属
性质： 常温下为亮银色有光泽金属
元素应用： 荧光涂料、癌症治疗
特点： 具有很强的放射性

一段不朽的科学佳话

那你可能会问了，射线是什么东西？放射性元素又是什么意思呢？这些知识背后有一段不朽的科学佳话，且听我慢慢讲来。

1895 年，德国科学家伦琴发现了 X 射线。X 射线其实是一种光。只不过，它的能量比红光、绿光、蓝光这些可见光要高一些，我们的肉眼看不到。所以，现在也有人把 X 射线叫作 X 光。

普通的可见光穿透能力很差。薄薄一层眼皮就能挡住它们，让我们的世界变成一片黑暗。但 X 射线却可以穿透肌肉，照出骨骼的样子。我们

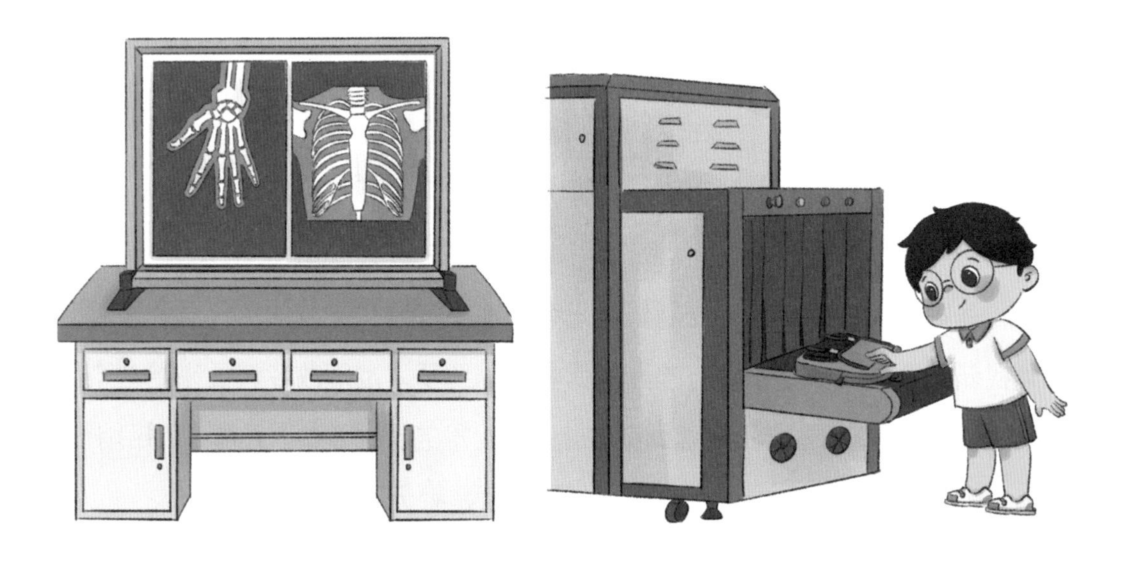

在医院里拍的那些骨头的照片都是这么来的。除了医院，X 射线还能在地铁、火车站、机场这些地方大显身手。在进行安检的时候，我们就是利用 X 射线照出来箱子里藏着的危险物品的。

现在我们都觉得这些事很平常了，但在伦琴生活的那个年代，这可是非常神秘、非常不可思议的事。1895 年，伦琴用电能激发出了 X 射线。他不知道这种射线究竟是什么，就用代表未知的“X”来命名，于是就有了“X 射线”这个名字。

就在伦琴发现 X 射线一年之后，法国有一位科学家贝克勒尔发现，铀（yóu）元素不用通电，也能产生一种射线。这种射线跟 X 射线一样也是肉眼不可见的，它可以穿透一张纸，却不能穿透肌肉。所以，它并不是 X 射线，贝克勒尔称它为“铀射线”。

在 1896 年，X 射线之谜还没解开，铀射线又出现了，射线立刻成了欧洲科学界最热门的话题。

当时，法国还居住着另一位科学家居里夫人，她也被看不见的射线吸引了。居里夫人是波兰人，一直在法国做研究，她既是物理学家，也是化学家。

综合 X 射线和铀射线被发现的消息，居里夫人想到了一个绝妙的主意：既然有的元素会发射出射线，那么反过来，是不是可以通过射线，去找到一些新的元素呢?

居里夫人雷厉风行，立刻着手研究，她还拉着丈夫皮埃尔 · 居里一起寻找新元素。很快，一种新的元素就被她找到了，她用故乡波兰来给这个元素命名，这就是排在元素周期表上第 84 号的钋（pō）元素。到目前为止，人们发现的元素里面，毒性最强的就是钋元素。

不久之后，居里夫人又发现了一种新元素，虽然它在矿中的含量非常低，但是它发出的射线却比当时已知的所有元素都要强。为此，居里夫人把这种新元素直接叫作“射线”，英语是 radium，也就是我们这一章讲的镭元素。

讲到这里你肯定会发现，能发射出来射线的元素可真不少，我们这一章里都已经提到了铀、钋、镭三种。居里夫人发现了这个规律之后，就把这些元素统一叫作“放射性元素”。所谓放射性，形容的就是它们能够发射射线的能力。

发现镭元素只是第一步，居里夫人和丈夫雄心勃勃，还想知道这个神秘的镭元素究竟是什么模样，他们想把这个元素提纯出来。这个过程异常艰难，他们所用的原料是一种从沥青里面提取出来的铀矿，铀矿里面的镭含量还不到一百万分之一，相当于 1 吨的原料里面只有不到 1 克镭元素，在当时可真是无异于大海里捞针。

就这样，夫妻俩夜以继日地提纯，劳作了好几年。后来，丈夫因为车祸去世了，居里夫人依然没有放弃，单枪匹马地继续研究。前后努力了 10 多年，她终于在 1910 年成功地提炼出了纯镭。为了表彰她为化学研究做出的杰出贡献，1911 年的诺贝尔化学奖就颁发给了她。

居里夫人提纯出来的镭，也和其他很多金属一样是银白色的，但是它有很强的放射性，会让很多东西都产生荧光。所以，如果在夜间注视镭元素，会发现它周围的东西发出一束束蓝幽幽的辉光。想想看，这是一种多么神奇的现象！当时的人们认为，这是一种富有能量的金属，那么它一定可以把这种能量转移给人体。

于是，一些商人就打起了镭元素的主意，他们把它加在各种食物里面，甚至用水做成了一种“镭神水”。商人还宣传这些含有镭的食品能够治疗各种疾病。这听起来很不靠谱，可就是这么不靠谱的事情，大家却都信以为真。倒也不完全是因为那时候的人愚昧，而是因为在一些实验中，镭元素的射线可以把一些癌细胞杀死。得知了这些实验结果，人们就疯狂了。过去那些得了癌症却没有办法治疗的人，就认为镭元素是他们活下去的希望。

据说，在当时，一瓶含有镭的水可以卖到 1 美元。那可是 100 年前的 1 美元，当时一辆汽车也就标价几百美元。要是按照这个比例计算，1 瓶镭神水放到现在差不多就要几百块钱。

居里夫人根本没有想到，自己的发现居然会导致这样的局面。人们按

照她的办法去提取镭，然后做成这些“包治百病”的食物，高价售卖。市场上的镭也越来越贵，以至于后来居里夫人想再买一点儿镭继续做实验时，都已经买不起了。

但是，这些喝了镭神水的人，并没有能够健康地活下去。他们不仅没有吸取镭的能量，反而被镭“榨干”了能量。很多人都患上了可怕的癌症，身上长出令人恐惧的肿瘤。有一个运动员摔伤了以后，经常喝镭神水，最后他身上所有的骨头都出现了问题。

而居里夫人，也因为长时间研究放射性元素，身体被这些射线给摧残了。她在晚年一直承受着巨大的痛苦。

什么是射线？

那么，射线到底是什么东西？为什么对人体有这么大的危害呢？

这就要从原子的结构讲起了。元素是由原子构成的，而原子的内部有原子核和电子。元素之所以会有放射性，是因为它们内部的原子核不稳定。这些原子核就像爆米花一样，时不时就会崩开，放出光子或者其他粒子，从而形成光子束或粒子束，也就是射线。除了前面提到的 X 射线，还有 α（阿尔法）射线、β（贝塔）射线、γ（伽马，gā mǎ）射线等，它们通常都具有很高的能量。

这些高能粒子束照射到人体上，会把蛋白质、DNA 等分子都给打断。所以，受到大量射线照射以后，人的细胞就会死亡，或者是发生变异，变成癌细胞。如果照射到人体上的射线剂量太大，那么人甚至会在几天之内就死掉。

现在人们在医院里照射 X 射线的时候，医生都会小心翼翼地把病人的其他部位都盖上，只拍很小的一片位置，这就是为了减少被 X 射线照射带来的伤害。

你可能会问：既然镭发出的射线可能导致癌症，那么人们又是怎么用它治疗癌症的呢？其实，镭元素的射线可以杀死所有细胞，自然也能杀死癌细胞了。也就是说，只要准确地控制住它，让它尽量攻击癌细胞，避免伤害普通细胞，就能起到治疗癌症的作用。这种治疗的方法，就叫“放射性疗法”，简称“放疗”。

所以，虽然在生活中我们很少见到镭，但是在放疗的时候，或者在一

些抗癌的药物里面，它还是积极地发挥着作用。我们在使用镭为人类做贡献的时候，也不能忘了居里夫人等科学家付出的努力呀。

下一章，也是我们本系列图书的最后一章，讲的是两种放射性元素：钚（bù）元素和铀（yóu）元素。这两种元素的放射性，在人类历史上起到的作用可比镭元素大多了，它们堪称改变了人类历史的走向。这是怎么回事儿呢？我们下一章再说。

镭的重要化学方程式

镭在空气中不稳定，可以与氧气反应：

$2Ra+O_2 = 2RaO$

yóu

92号元素
第七周期第 III B 族
相对原子质量：238.0
密度：19.1g/cm³
熔点：1135℃

铀：谁能用手掰开原子弹？

终结了第二次世界大战的两种元素

这是本系列图书的最后一章，我们要讲两种元素，它们就是铀（yóu）元素和钚（bù）元素。

70多年前，正是这两种元素终结了第二次世界大战。1945年的8月6号和8月9号，美国分别在日本的广岛、长崎两个城市，扔下了两枚原子弹，一枚代号“小男孩”，还有一枚叫“胖子”。很快，这两座城市就都变成了废墟，几十万人失去了生命。日本知道，如果这场仗再打下去，还会有更多的人丧命，所以没过几天就宣布投降了。

“小男孩”是人类历史上首次投入实战的原子弹，而在“胖子”之后再也没有任何国家在战争中使用过原子弹。因为它们的威力实在是太大了，杀伤力也超出了人们的想象。虽然除了美国，世界上又有几个国家制造出了原子弹，但是至今谁也没有拿出来使用，只是用来威慑敌人。

我猜你肯定会问：原子弹到底为什么拥有这么大的威力？不用说，肯

定就是我们这一章要讲的元素了。用于实战的这两枚原子弹中，“小男孩”属于铀弹，它用的是铀元素；“胖子”属于钚弹，用的是钚元素。

铀元素和钚元素能够用来制造原子弹，是因为它们的原子和镭一样，都有放射性，时时刻刻都能放出一些能量很高的粒子和射线。

在上一章里我们讲到，因为镭元素有很强的放射性，所以如果人接触到镭元素，它放射出来的射线就会对身体里的细胞造成伤害。由此可见，这些能量很高的射线，破坏力非常强。

如果放射性元素的原子很多，全部挤在一起，那就更加可怕了。中子是一种不稳定的粒子，如果很多放射性元素的原子挤在一起，那么中子就

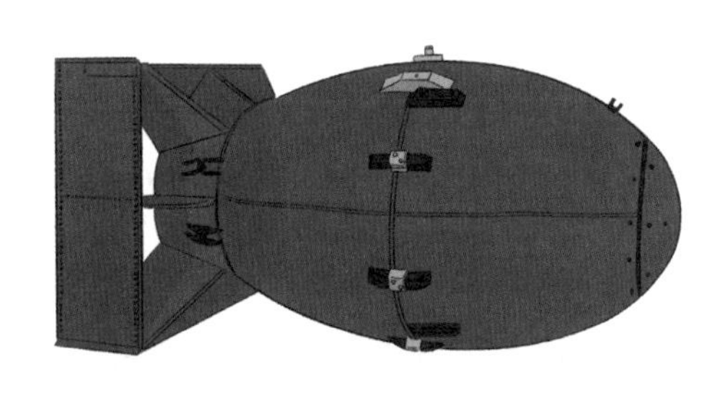

原子弹

原子弹爆炸

有可能打在其他原子上。这个时候，被打到的原子能量就更高了，原子核也会崩开，放射出更多的中子。

就这样，中子越来越多，爆炸的原子核也越来越多。几乎就在一瞬间，所有的原子核都爆开了，一下子发射出特别多的射线，同时也释放出巨大的能量。因为这个过程就像锁链一样，一环又一环地传递下去，所以也被叫作“链式反应”。

原子弹就是利用铀元素和钚元素的链式反应造出来的。那么，链式反应到底能释放出多少能量呢？

我们可以一起想象一下。诺贝尔发明了一种炸药，炸药爆炸的时候可以释放出巨大的能量。用这种炸药制成的一颗手雷比鸭蛋大不了多少，它就可以炸毁一间房子。但是如果用同样重量的铀做成原子弹，它释放的能量会超过诺贝尔炸药的一千万倍，是不是太恐怖了？

制造原子弹其实很简单

那么问题来了：原子弹的杀伤力这么强大，而且是一种只有少数国家掌握其制造技术的高科技产品，那它一定很难制造吧？

如果你去问原子弹专家，他或许会告诉你：制造原子弹其实没什么难的。只要多准备一些铀元素或钚元素，很容易就能做成原子弹了。

他可不是在开玩笑，其实原子弹的制作原理和构造图，并没有特别复杂，现在都可以在一些公开资料里面查到。其中最简单的一种办法，就是

准备两块铀或者钚，把它们放到一起，就有可能制成原子弹了。

如果你拿到的只是很小的铀块或钚块，它们放射出来的中子不够多，就不足以引发链式反应。上一章我们说到居里夫人提纯镭元素，那些镭没有发生链式反应，就是因为居里夫人提取到的镭还太少了。但是，一旦它们超过一个临界值，链式反应就会发生。如果整个链式反应的过程都可以被控制，原子弹也就做成了。

这里出现了一个词叫“临界值”，是什么意思呢？举个例子，能够用来做原子弹的铀元素叫铀 -235，做铀弹的过程就是把铀 -235 做成球形的过程。这个铀元素的球如果达不到 15 千克，它就不会爆炸；如果超过 15 千克，它就可以变成原子弹了。换句话说，有中子反射的球形铀 -235 的临界值就是 15 千克。

制造原子弹并没有多困难，但正是因为爆炸太容易触发，加拿大有一位科学家不幸献出了生命。

这位科学家叫斯洛廷，他曾参与制造“小男孩”和“胖子”这两枚原子弹。在二战结束以后，斯洛廷还在继续研究原子弹，他想把原子弹做得更精致一些。

有一天，一些同事来参观斯洛廷的实验室。斯洛廷就拿来了一个钚元素做的半球和一个反射器，想给同事演示一下他的最新发现。

什么是反射器呢？它的作用可大了，你可以把它想象成一面半球形的镜子。当你照镜子的时候，你会觉得镜子里还有一个你。金属钚的半球要是和反射器靠得很近，威力也会加倍。根据斯洛廷的计算，在他演示的实验里，单个钚半球不会超过临界值，但是如果钚半球与反射器接触就会超过临界值。

在正常情况下，反射器倒扣在钚半球上的时候，会有一个垫片垫在下边，让二者之间保留一定的空隙。但在这次演示中，斯洛廷却违反了操作要求，只是用一把螺丝刀顶住了反射器。

你可能会想，斯洛廷的心也太“大”了吧！如果他手一松，螺丝刀掉了下来，那反射器不就正好压到了钚半球，岂不是就达到临界值了？

的确，就在这时候，螺丝刀真的一下子脱落了，反射器也掉了下来。与斯洛廷计算的一样，钚半球开始发出蓝幽幽的光，整个实验室里迎来一股热浪，斯洛廷自己也感觉到双手发麻。

这时候，他意识到这个钚半球已经开始发生链式反应了，说不定已经成了一颗原子弹。就算它不爆炸，释放出的能量也足以把实验室夷为平地。想到这儿，已经受到严重辐射的斯洛廷，几乎是用尽自己最后的力气，把反射器拿了下来，阻断了链式反应。

实验室是保住了，斯洛廷自己却受到了极大的伤害。他相当于用双手掰开了将要爆炸的原子弹，身体内部已经被射线破坏得千疮百孔。送到

医院 9 天后，斯洛廷就不幸去世了。

为什么大家没有都去造原子弹？

原子弹的确是很容易制造的，可为什么全世界还是只有极少数国家能造呢？

首先，因为有一项多国签署的国际条约——《不扩散核武器条约》。为了防止核扩散，那些还没有制造出来原子弹的国家，就不允许再制造了。

但是，难道不能偷偷地制造原子弹吗？

还真不行。前面提到过，制造原子弹用的铀元素叫作铀 -235，只有把铀 -235 提纯以后，才能去做原子弹。而提纯铀 -235 比造原子弹本身还要难，现在能够采用的一种技术，叫作离心法。目前没有几个国家掌握这种技术。更重要的是，离心法要用到很多离心机，离心机又要耗费大量的电，所以想要偷偷地制造原子弹，根本不可能。甚至对于很多国家来说，就算允许他们去制造原子弹，他们的电力都不一定够用。

铀元素已经很难提纯了，钚元素的提纯更难，所以更不可能有人能够偷偷地做出钚弹了。

现在，铀元素和钚元素已经找到了制造原子弹之外的新任务，那就是建造核电站，充当核燃料，为人类发电，造福世界。

我们讲过的这些元素，每一种都有自己精彩的故事，至于那些没有讲到的，并不是它们的故事不精彩，只是我们的书篇幅有限。如果你还想知道其他元素的故事，可以去《知识小手册》里找一找哦！